高等职业教育公共基础课系列教材

高 等 数 学

（经济管理类）

（第2版）

吴秋明　主　编

曾平平　鹿高杰

李春艳　李凤麟　副主编

电子工业出版社

Publishing House of Electronics Industry

北京·BEIJING

内 容 简 介

本书根据高等职业教育经济管理类专业的高等数学（经济数学）基础课程教学基本要求，结合编者多年教学实践，综合编者长期教学改革和探索进行编写，力求体现高等职业教育经济管理类专业的特点，体现数学素养和数学应用能力的培养。

本书共八章，内容包括函数与极限、导数、导数的应用、不定积分、定积分、定积分的应用、向量与空间解析几何初步、线性代数初步。

本书适合作为高等职业教育经济管理类专业、财经类专业和信息类专业教材，亦可作为普通高等学校文科类专业教材。

图书在版编目（CIP）数据

高等数学：经济管理类 / 吴秋明主编 . —2 版 . —北京：电子工业出版社，2023.9

高等职业教育公共基础课系列教材

ISBN 978-7-121-46360-0

Ⅰ . ①高… Ⅱ . ①吴… Ⅲ. ①高等数学－高等职业教育－教材 Ⅳ. ①O13

中国国家版本馆 CIP 数据核字（2023）第 175476 号

责任编辑：杨永毅

印　　刷：三河市鑫金马印装有限公司

装　　订：三河市鑫金马印装有限公司

出版发行：电子工业出版社

　　　　　北京市海淀区万寿路 173 信箱　　　　　邮编　100036

开　　本：720×1000　　1/16　　印张：12.25　　字数：254 千字

版　　次：2014 年 9 月第 1 版

　　　　　2023 年 9 月第 2 版

印　　次：2025 年 7 月第 4 次印刷

印　　数：1 000 册　　　定价：40.00 元

凡所购买电子工业出版社图书有缺损问题，请向购买书店调换。若书店售缺，请与本社发行部联系，联系及邮购电话：（010）88254888，88258888。

质量投诉请发邮件至 zlts@phei.com.cn，盗版侵权举报请发邮件至 dbqq@phei.com.cn。

本书咨询联系方式：（010）88254570，xujj@phei.com.cn。

前言

  高等数学是经济管理类专业的一门基础课程。学好高等数学对学生学习专业知识是很重要的。同时，数学能锻炼人的思维，拓展人们看问题的角度和深度。这个观点对高职、高专学生同样适用，用微积分的知识和观点看待经济学、管理学的内容会深刻很多。党的二十大报告中明确要求"统筹职业教育、高等教育、继续教育协同创新，推进职普融通、产教融合、科教融汇，优化职业教育类型定位。加强基础学科、新兴学科、交叉学科建设。"想要打通从中职、高职到职业本科与研究生教育的通道，很重要的一个环节就是数学的教育。基于这些原因，编者编写了这本针对高职、高专学生的高等数学教材，面向的对象主要是经济管理类专业和信息类专业的高职、高专学生。

  针对高职、高专学生的特点，本书的数学理论比较精简，基本去除了极限与导数理论中过于抽象的内容，使本书内容更适合高职、高专学生学习。同时，对于导数的概念的理解，按照高职、高专学生的基础和理解能力进行了优化。在计算难度上，与其他教材相比有较大降低。另外，针对中职学生中学数学的知识基础，本书对中职与高职的数学知识差距进行了弥补，尽量使中职学生到大专学习数学没有困难。

  编者从事高等数学教学工作多年，把在高职从事数学教育多年的经验和心得以教材的方式写出来。

  在第一章函数与极限中，主要介绍了函数的概念与性质，各类基本初等函数与初等函数的定义。考虑到中职学生的特点，本书对三角函数与反三角函数进行了比较详细的介绍，使之前没有接触过这些函数的学生也能在较短时间内掌握这些知识点。针对极限的概念，本书首先采用了描述性的定义，再通过例题让学生逐步加深对极限概念的理解，尽量避免极限概念的过度抽象化和定义过于逻辑理论化。

  在第二章导数中，根据中职学生的特点，首先通过变化率来引入导数的定义与含义，并作为导数的理解核心，再引入速度与导数的关系，进而讨论导数的几何意义，最后解决经济学中的边际与导数的关系。这样安排使一般中职学生和基础较差的普高学生都能理解导数的含义，学生在学习本章导数的系统理论和各类求导法则时不会感到枯燥。

在第三章导数的应用中，首先介绍一般的应用，然后介绍经济学中的应用，这样可以降低学生的理解难度，最后在函数的凹向与拐点中引入经济学中的应用，使学生对数学在经济学中的应用有较深的理解与体会。

在第四章不定积分中，尽量简化计算，着重强调最基本的计算，将要进一步学习的积分技巧安排在例题中。在不增加难度的同时，尽量保证各类学生的需求。

在第五章定积分中，针对定积分的概念，从面积入手，通过明确定积分与面积的关系来加深对定积分概念的理解。出于知识体系的要求，本章系统介绍了微积分基本定理。学生在刚开始学习时只要记牢微积分基本公式（牛顿-莱布尼茨公式）即可达到最基本的数学要求。

在第六章定积分的应用中，主要介绍了微元法。微元法是微积分思想中十分重要的一环，本章进行了细致讲述。定积分的各类应用都包含在这一思想中。

在第七章向量与空间解析几何初步和第八章线性代数初步中，主要介绍了向量与空间解析几何的基本知识，以及线性代数的初步理论。

本书尽量通过最简洁的方式介绍高等数学的基本知识与思想，希望能使学生有所收获。

本书由浙江金融职业学院信息技术学院数学教研室组织教师编写，由吴秋明担任主编，曾平平、鹿高杰、李春艳和李凤麟担任副主编。全书主要由吴秋明组织编写，同时，其他教师对本书特别是习题进行了修改和完善。在本书的编写过程中，得到了浙江金融职业学院及信息技术学院各级领导的大力支持，在此一并表示感谢！

为了方便教师教学，本书配有电子教学课件及相关资源，请有此需要的教师登录华信教育资源网（www.hxedu.com.cn），注册后免费下载，如有问题，可在网站留言板留言或与电子工业出版社（E-mail：hxedu@phei.com.cn）联系。

由于编者水平有限，书中错误疏漏之处在所难免，望广大读者和同行专家批评指正。

编　者

目录
<<<<< CONTENTS

第一章 函数与极限

第一节 函数

函数是微积分主要的讨论对象，本节首先介绍函数的基本概念与性质，然后介绍基本初等函数的性质，并由基本初等函数生成初等函数. 初等函数是本书主要研究与讨论的对象. 由于大部分知识在中学时学过，因此这里只进行比较简单的介绍，不进行深入的讨论.

一、函数的定义及其性质

定义 1 设 D 为一个非空数集，若对于任意 $x \in D$，都存在唯一对应的数 y，按照对应法则 f，使 x 与 y 相对应，则称 $f(x)$ 是定义在 D 上的函数，记作 $y = f(x)$.

定理 若 $y = f(x)$，$x \in D$，$y \in B$ 是一个一一对应的函数，则 $y = f(x)$ 有反函数，记作 $x = f^{-1}(y)$，$y \in B$，$x \in D$.

二、函数的表达

表达一个函数有表达式法、图像法和表格法三种基本的表达方法.

（1）表达式法：例如，一次函数可以用 $y = kx + b$ 来表达，常用的对数函数可以用 $y = \lg x$ 来表达. 表达式法是表达一个函数最常用的方法.

（2）图像法：很多函数都能给出具体图像，可以通过图像来表达一个函数. 图像法表达的函数可以比较清楚地了解函数的性质.

（3）表格法：很多函数关系可以通过表格的形式来表达，如每个同学的身高、体重等.

三、基本初等函数及其性质

（1）常数函数：$y = c$（c 为常数）.

（2）幂函数：$y = x^{\alpha}$（α 为常数）（见图 1.1）.

幂函数的性质：$a^x b^x = (ab)^x$；$a^{-1} = \dfrac{1}{a}$；$\sqrt[n]{a} = a^{\frac{1}{n}}$.

（3）指数函数：$y = a^x$（a 为常数，$a > 0$，$a \neq 1$）（见图 1.2）.

（4）对数函数：$y = \log_a x$（a 为常数，$a > 0$，$a \neq 1$）（见图 1.3）.

对数函数的性质：$\log_a 1 = 0$；$\log_a a = 1$；$\log_a(1/a) = -1$；$\log_a(xy) = \log_a x + \log_a y$；

$\log_a(x/y) = \log_a x - \log_a y$；$\log_a b^x = x \log_a b$.

对数函数的换底公式：$\log_a b = \dfrac{\log_c b}{\log_c a}$.

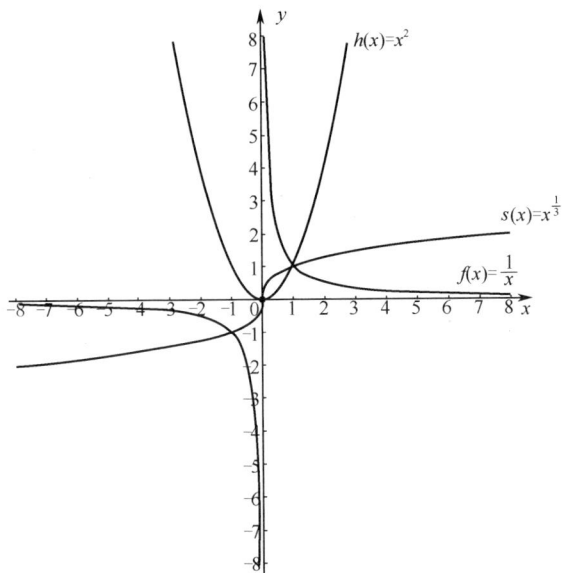

图 1.1

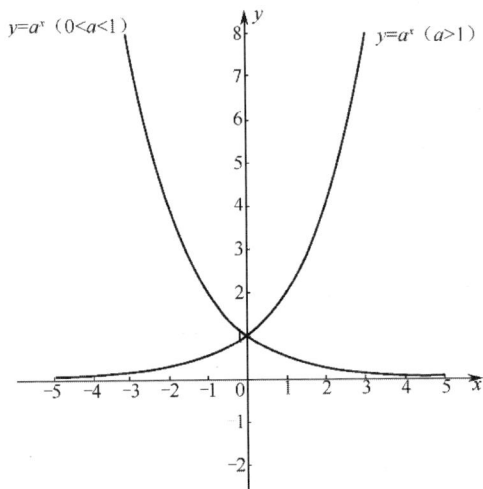

图 1.2

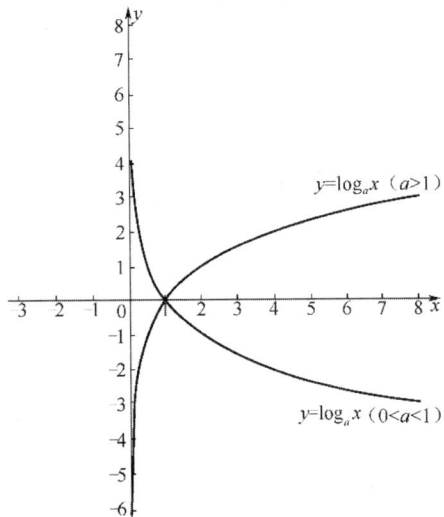

图 1.3

（5）三角函数：$y = \sin x$，$y = \cos x$（见图 1.4）；$y = \tan x$，$y = \cot x$（见图 1.5）；

$y = \sec x$ ， $y = \csc x$.

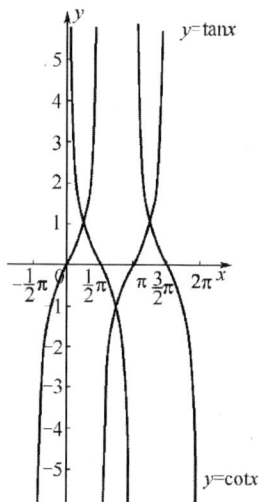

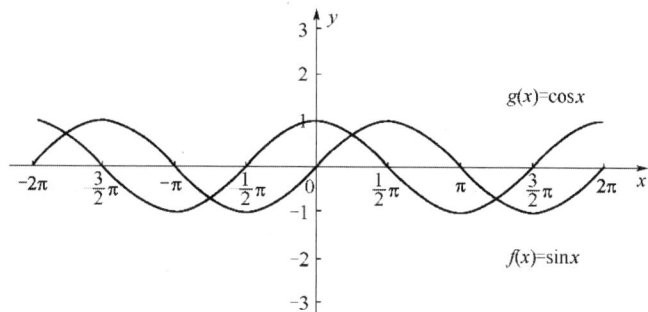

图 1.4

图 1.5

（6）反三角函数： $y = \arcsin x$ ， $y = \arccos x$ （见图 1.6）； $y = \arctan x$ ， $y = \operatorname{arccot} x$ （见图 1.7）.

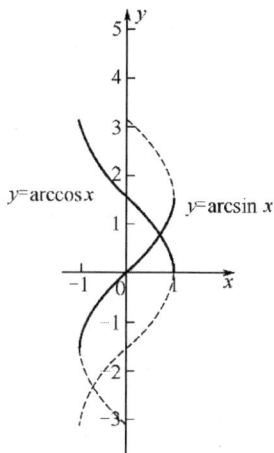

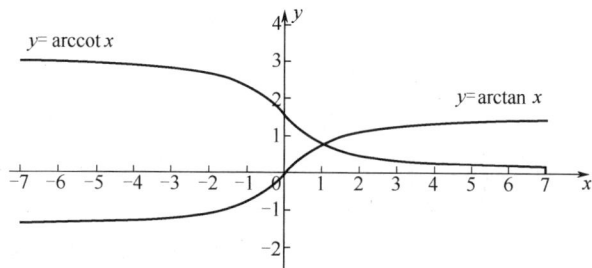

图 1.6

图 1.7

① $y = \arcsin x$.

考虑 $y = \sin x$ ，当 $x \in \left[-\dfrac{\pi}{2}, \dfrac{\pi}{2} \right]$ 时， $y \in [-1,1]$ ，此时 x 与 y 一一对应. $y = \sin x$ 有

反函数 $x = \arcsin y$ ， $y \in [-1,1]$ ， $x \in \left[-\dfrac{\pi}{2}, \dfrac{\pi}{2} \right]$ ，通常写作 $y = \arcsin x$ ， $x \in [-1,1]$ ，

$y \in \left[-\dfrac{\pi}{2}, \dfrac{\pi}{2} \right]$.

② $y = \arccos x$.

考虑 $y = \cos x$，当 $x \in [0, \pi]$ 时，$y \in [-1, 1]$，此时 x 与 y 一一对应. $y = \cos x$ 有反函数 $x = \arccos y$，$y \in [-1, 1]$，$x \in [0, \pi]$，通常写作 $y = \arccos x$，$x \in [-1, 1]$，$y \in [0, \pi]$.

③ $y = \arctan x$.

考虑 $y = \tan x$，当 $x \in \left(-\dfrac{\pi}{2}, \dfrac{\pi}{2} \right)$ 时，$y \in \mathbf{R}$，此时 x 与 y 一一对应. $y = \tan x$ 有反函数 $x = \arctan y$，$y \in \mathbf{R}$，$x \in \left(-\dfrac{\pi}{2}, \dfrac{\pi}{2} \right)$，通常写作 $y = \arctan x$，$x \in \mathbf{R}$，$y \in \left(-\dfrac{\pi}{2}, \dfrac{\pi}{2} \right)$.

④ $y = \operatorname{arccot} x$.

考虑 $y = \cot x$，当 $x \in (0, \pi)$ 时，$y \in \mathbf{R}$，此时 x 与 y 一一对应. $y = \cot x$ 有反函数，$x = \operatorname{arccot} y$，$y \in \mathbf{R}$ 时，$x \in (0, \pi)$，通常写作 $y = \operatorname{arccot} x$，$x \in \mathbf{R}$，$y \in (0, \pi)$.

四、初等函数

定义 2 由基本初等函数经过有限次加、减、乘、除和复合运算得到的函数称为初等函数. 初等函数是本书学习的重点.

初等函数的性质.

（1）平常碰到的函数基本都是初等函数.

（2）初等函数本质上是一个由基本初等函数和加、减、乘、除写（表达）出来的用一个表达式表达的函数.

（3）非初等函数比初等函数多很多，可以在分段函数里找.

五、分段函数

由不同表达式分段表达出来的函数称为分段函数.

【例 1】 $y = \operatorname{sgn} x = \begin{cases} 1, & x > 0, \\ 0, & x = 0, \\ -1, & x < 0 \end{cases}$ 表达了 x 的符号，称为 x 的符号函数.

【例 2】 设 x 为个人月收入（非 12 月），y 为个人所得税函数，也为分段函数（7 级累进税率，2012 年后实行的最新税率）：

$$y = \begin{cases} 0, & 0 < x < 3500, \\ (x-3500) \cdot 3\%, & 3500 \leqslant x < 5000, \\ (x-3500) \cdot 10\% - 105, & 5000 \leqslant x < 8000, \\ (x-3500) \cdot 20\% - 555, & 8000 \leqslant x < 12500, \\ (x-3500) \cdot 25\% - 1005, & 12500 \leqslant x < 38500, \\ (x-3500) \cdot 30\% - 2705, & 38500 \leqslant x < 58500, \\ (x-3500) \cdot 35\% - 5505, & 58500 \leqslant x < 83500, \\ (x-3500) \cdot 45\% - 13505, & 83500 \leqslant x. \end{cases}$$

六、有界函数

定义 3　对于 $y = f(x)$，如果存在某正数 M，对于任意 $x \in D$，均有 $|f(x)| \leqslant M$，那么称当 $x \in D$ 时，$y = f(x)$ 有界.

【例 3】　讨论下面函数是否有界：① $y = \dfrac{1}{x}$；② $y = \dfrac{1}{x}(x > 0)$；

③ $y = \dfrac{1}{x}(x > 0.01)$；④ $y = 100\sin x + 10000$；⑤ $y = \sin\dfrac{1}{x}$.

解：① $y = \dfrac{1}{x}$ 无界；② $y = \dfrac{1}{x}(x > 0)$ 无界；③ $y = \dfrac{1}{x}(x > 0.01)$ 有界；

④ $y = 100\sin x + 10000$ 有界；⑤ $y = \sin\dfrac{1}{x}$ 有界.

七、经济中的函数

1. 需求函数

经济学中的需求是指在一定的时期，在一既定的价格水平下，消费者愿意并能够购买的商品数量. 需求函数是用来表示一种商品的需求量和影响该需求量的各种因素之间相互关系的函数. 不考虑其他因素对需求量的影响，只研究需求量与价格的关系的函数有价格需求函数. 设 P 表示商品价格，Q 表示需求量，则有 $Q = Q(P)$（P 为自变量，Q 为因变量），称为价格需求函数，简称需求函数. 需求函数 $Q = Q(P)$ 是商品价格 P 的一元函数.

通常，商品价格越高，需求越小. 需求函数 $Q = Q(P)$ 是商品价格 P 的单调减函数.

常见的需求函数有以下几种类型.

线性需求函数：$Q = b - aP$（$a > 0$，$b > 0$）.

二次需求函数：$Q = a - bP - cP^2$（$a > 0$，$b > 0$，$c > 0$）.

二次方根需求函数：$Q = (a - \sqrt{P})/b$（$a > 0$，$b > 0$）.

指数需求函数：$Q = a\mathrm{e}^{-bP}$（$a > 0$，$b > 0$）.

2．供给函数

设 P 表示商品价格，S 表示供给量，则有 $S = S(P)$（P 为自变量，S 为因变量），称为供给函数．

一般供给量随商品价格的增加而增加，因此，$S = S(P)$ 单调递增．

3．总成本函数

总成本函数是指商品的总成本和它的总产量之间的关系的函数．总成本函数一般写成 $C = C(X)$，其中，X 表示总产量（自变量），C 表示总成本（因变量）．

第二节　函数的极限

定义 1　已知函数 $y = f(x)$ 在 $[a, +\infty)$ 上有定义，如果当 x 越来越大趋于正无穷时（以后写成 $x \to +\infty$），$f(x)$ 越来越无限趋近于某个常数 A，那么称 $f(x)$ 在 $x \to +\infty$ 时以 A 为极限，记作 $\lim\limits_{x \to +\infty} f(x) = A$．

【例 1】　考虑函数 $y = \arctan x$ 在 $x \to +\infty$ 时的极限情况．

解：当 $x \to +\infty$ 时，$\arctan x$ 越来越趋近于 $\dfrac{\pi}{2}$，根据定义，当 $x \to +\infty$ 时，$\arctan x$ 以 $\dfrac{\pi}{2}$ 为极限，即

$$\lim_{x \to +\infty} \arctan x = \frac{\pi}{2}.$$

同理，可以有以下定义．

定义 2　已知函数 $y = f(x)$ 在 $(-\infty, a]$ 上有定义，如果当 x 越来越小趋于负无穷时（以后写成 $x \to -\infty$），$f(x)$ 越来越无限趋近于某个常数 B，那么称 $f(x)$ 在 $x \to -\infty$ 时以 B 为极限，记作 $\lim\limits_{x \to -\infty} f(x) = B$．

在例 1 中，当 $x \to -\infty$ 时，显然还有结论：

$$\lim_{x \to -\infty} \arctan x = -\frac{\pi}{2}.$$

定义 3　已知函数 $y = f(x)$ 在 $|x| > a$ 上有定义，如果当 $|x|$ 越来越趋于无穷时（以后写成 $x \to \infty$），$f(x)$ 越来越无限趋近于某个常数 C，那么称 $f(x)$ 在 $x \to \infty$ 时以 C 为极限，记作 $\lim\limits_{x \to \infty} f(x) = C$．

【例 2】　考虑反比例函数 $y = \dfrac{1}{x}$ 在 $x \to \infty$ 时的极限．

解：根据反比例函数的图像（见图 1.8），易得 $\lim\limits_{x \to +\infty} \dfrac{1}{x} = 0$，$\lim\limits_{x \to -\infty} \dfrac{1}{x} = 0$．

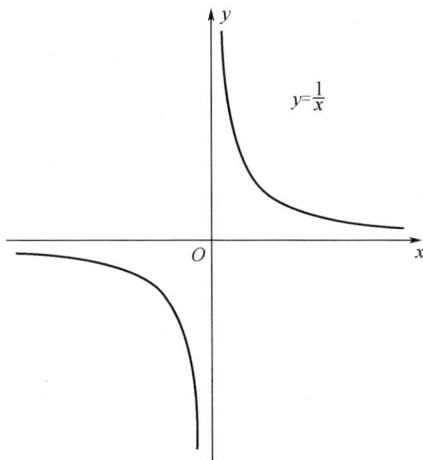

图 1.8

根据前面三个定义有下面的定理.

定理 1 如果 $\lim\limits_{x\to\infty} f(x)$ 存在，那么 $\lim\limits_{x\to+\infty} f(x)$ 与 $\lim\limits_{x\to-\infty} f(x)$ 均存在且两极限相等.

例 1 显然有结论 $\lim\limits_{x\to-\infty}\arctan x = -\dfrac{\pi}{2}$，但 $\lim\limits_{x\to\infty}\arctan x$ 不存在.

【例 3】 考虑函数 $y = \operatorname{arccot} x$ 在 $x \to +\infty$ 时的极限情况.

解：显然有 $\lim\limits_{x\to+\infty}\operatorname{arccot} x = 0$，$\lim\limits_{x\to-\infty}\operatorname{arccot} x = \pi$，但 $\lim\limits_{x\to\infty}\operatorname{arccot} x$ 不存在.

定义 4（数列的极限） 对于数列 $f(n)$，如果当 n 越来越趋于正无穷时（以后写成 $n \to \infty$），$f(n)$ 越来越无限趋近于某个常数 A，那么称 $f(n)$ 在 $n \to \infty$ 时以 A 为极限，记作 $\lim\limits_{n\to\infty} f(n) = A$.

【例 4】 考察下列数列的极限情况：① $\lim\limits_{n\to\infty}\dfrac{1}{n}$；② $\lim\limits_{n\to\infty}\dfrac{n}{2n+1}$.

解：①显然有 $\lim\limits_{n\to\infty}\dfrac{1}{n} = 0$；

②对数列进行下列运算：

n	1	10	100	10000	...	∞
$\dfrac{n}{2n+1}$	$\dfrac{1}{3}$	$\dfrac{10}{21}$	$\dfrac{100}{201}$	$\dfrac{10000}{20001}$	...	$\dfrac{1}{2}$

由上面的运算可得 $\lim\limits_{n\to\infty}\dfrac{n}{2n+1} = \dfrac{1}{2}$.

【例 5】 考察函数 $f(x) = \begin{cases} \dfrac{x^2-4}{x-2}, & x \neq 2, \\ 2.5, & x = 2. \end{cases}$

解：进行下列运算：

x	1.9	1.99	1.999	$\cdots$	2
$f(x)$	3.9	3.99	3.999	$\cdots$	4
x	2.1	2.01	2.001	$\cdots$	2
$f(x)$	4.1	4.01	4.001	$\cdots$	4

由上面的运算可得出结论：当 $x \to 2$ 时，$f(x)$ 无限趋近于 4，可记作 $\lim\limits_{x \to 2} f(x) = 4$.

根据前面的讨论有下面的定义.

定义 5 对于函数 $y = f(x)$，如果当 x 趋于 x_0（无限接近 x_0）时，$f(x)$ 越来越无限趋近于某个常数 A，那么称 $f(x)$ 在 $x \to x_0$ 时以 A 为极限，记作 $\lim\limits_{x \to x_0} f(x) = A$.

注意：x 趋于 x_0 实际上有两个方向：一个是 x 从大于 x_0 的地方趋于 x_0，另一个是 x 从小于 x_0 的地方趋于 x_0，我们称这两个极限为左右极限.

右极限记作 $\lim\limits_{x \to x_0^+} f(x)$，左极限记作 $\lim\limits_{x \to x_0^-} f(x)$，这里不再重做定义，有兴趣的同学可以自己写出它们的定义.

另外，与定理 1 类似的定理如下.

定理 2 若 $\lim\limits_{x \to x_0} f(x)$ 存在，那么 $\lim\limits_{x \to x_0^+} f(x)$ 与 $\lim\limits_{x \to x_0^-} f(x)$ 均存在且相等.

【例 6】 求 $\lim\limits_{x \to 1} \dfrac{x^2 - 1}{x - 1}$.

解：根据例 5 的方法，通过计算可得 $\lim\limits_{x \to 1} \dfrac{x^2 - 1}{x - 1} = 2$，

也可如此计算：$\lim\limits_{x \to 1} \dfrac{x^2 - 1}{x - 1} = \lim\limits_{x \to 1} \dfrac{(x - 1)(x + 1)}{x - 1} = \lim\limits_{x \to 1}(x + 1) = 2$.

【例 7】 求 $\lim\limits_{x \to 2} \dfrac{x^2 - 1}{x + 1}$.

解：$\lim\limits_{x \to 2} \dfrac{x^2 - 1}{x + 1} = \lim\limits_{x \to 2} \dfrac{2^2 - 1}{2 + 1} = 1$.

【例 8】 求 $\lim\limits_{x \to 2} \dfrac{x^2 - 3x + 2}{x - 2}$.

解：$\lim\limits_{x \to 2} \dfrac{x^2 - 3x + 2}{x - 2}$

$= \lim\limits_{x \to 2} \dfrac{(x - 2)(x - 1)}{x - 2}$

$= \lim\limits_{x \to 2}(x - 1) = 1$.

【例 9】 求下列极限：① $\lim\limits_{n \to \infty} (-1)^n \dfrac{1}{n}$；② $\lim\limits_{n \to \infty} \dfrac{n + 2}{n + 1}$；③ $\lim\limits_{n \to \infty} \sqrt[n]{10}$.

【例 10】 求下列极限：① $\lim\limits_{n \to \infty} 2^{-n}$；② $\lim\limits_{x \to \infty} \dfrac{x^2 + 2x + 1}{2x^2 + 3x + 1}$

第三节　极限的四则运算与性质

一、极限的四则运算

第二节给出了七种极限 $\lim\limits_{x\to\infty}f(x)$、$\lim\limits_{x\to+\infty}f(x)$、$\lim\limits_{x\to-\infty}f(x)$、$\lim\limits_{n\to\infty}f(n)$、$\lim\limits_{x\to x_0}f(x)$、$\lim\limits_{x\to x_0^+}f(x)$ 与 $\lim\limits_{x\to x_0^-}f(x)$，它们的性质很相似，事实上，大部分是相同的，为了方便，以后在讨论有共性的性质时统一写成 $\lim f$.

例如，$\lim\limits_{x\to\infty}c=c$，$\lim\limits_{n\to\infty}c=c$ 可以统一写成 $\lim c=c$.

对于极限的运算，有如下性质.

（1）$\lim(f\pm g)=\lim f\pm\lim g$.

（2）$\lim(f\cdot g)=\lim f\cdot\lim g$.

（3）$\lim c\cdot f=c\cdot\lim f$（$c$ 为常数，f 为函数）.

（4）$\lim\dfrac{f}{g}=\dfrac{\lim f}{\lim g}$（$\lim g\neq 0$）.

【例1】　求 $\lim\limits_{n\to\infty}\dfrac{2n^2+n-1}{n^2+2n+1}$.

解：$\lim\limits_{n\to\infty}\dfrac{2n^2+n-1}{n^2+2n+1}=\lim\limits_{n\to\infty}\dfrac{2+\dfrac{1}{n}-\dfrac{1}{n^2}}{1+\dfrac{2}{n}+\dfrac{1}{n^2}}$

$$=\dfrac{\lim\limits_{n\to\infty}2+\lim\limits_{n\to\infty}\dfrac{1}{n}-\lim\limits_{n\to\infty}\dfrac{1}{n^2}}{\lim\limits_{n\to\infty}1+\lim\limits_{n\to\infty}\dfrac{2}{n}+\lim\limits_{n\to\infty}\dfrac{1}{n^2}}$$

$$=\dfrac{2+0-0}{1+0+0}=2.$$

【例2】　求 $\lim\limits_{x\to\infty}\dfrac{2x^2-x-3}{x^2-2x+1}$.

解：$\lim\limits_{x\to\infty}\dfrac{2x^2-x-3}{x^2-2x+1}=\lim\limits_{x\to\infty}\dfrac{2-\dfrac{1}{x}-\dfrac{3}{x^2}}{1-\dfrac{2}{x}+\dfrac{1}{x^2}}$

$$=\dfrac{\lim\limits_{x\to\infty}2-\lim\limits_{x\to\infty}\dfrac{1}{x}-3\lim\limits_{x\to\infty}\dfrac{1}{x^2}}{\lim\limits_{x\to\infty}1-2\lim\limits_{x\to\infty}\dfrac{1}{x}+\lim\limits_{x\to\infty}\dfrac{1}{x^2}}$$

$$= \frac{2-0-0}{1-0+0} = 2.$$

【例3】 求 $\lim\limits_{n \to \infty} \dfrac{1+2+3+\cdots+(n-1)+n}{n^2}$.

解：$\lim\limits_{n \to \infty} \dfrac{1+2+3+\cdots+(n-1)+n}{n^2} = \lim\limits_{n \to \infty} \dfrac{n(n+1)}{2n^2} = \dfrac{1}{2}$.

【例4】 考察符号函数 $y = \mathrm{sgn}(x) = \begin{cases} -1, & x < 0, \\ 0, & x = 0, \\ 1, & x > 0, \end{cases}$ 讨论 $x \to 0$ 与 $x \to \infty$ 时的极限.

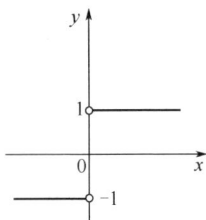

图 1.9

解：由图 1.9 可以看出：

$$\lim\limits_{x \to 0^-} \mathrm{sgn}(x) = \lim\limits_{x \to 0^-}(-1) = -1;$$

$$\lim\limits_{x \to 0^+} \mathrm{sgn}(x) = \lim\limits_{x \to 0^+} 1 = 1.$$

函数左右极限不相等，因而 $\lim\limits_{x \to 0} \mathrm{sgn}(x)$ 不存在.

同理可得

$$\lim\limits_{x \to -\infty} \mathrm{sgn}(x) = \lim\limits_{x \to 0^-}(-1) = -1;$$

$$\lim\limits_{x \to +\infty} \mathrm{sgn}(x) = \lim\limits_{x \to 0^+} 1 = 1.$$

函数左右极限不相等，因而 $\lim\limits_{x \to \infty} \mathrm{sgn}(x)$ 也不存在.

二、函数极限的性质

【例5】 试求证：$0.\dot{9} = 1$.

解：用两种方法证明.

方法一：$\dfrac{1}{9} = 0.\dot{1}$，两边同乘以 9 得 $\dfrac{1}{9} \times 9 = 0.\dot{1} \times 9$，即 $0.\dot{9} = 1$.

方法二：$0.\dot{9} = \lim\limits_{n \to \infty} 0.\underbrace{9\cdots9}_{n\text{个}} = 1$（式中，$0.\dot{9}$ 是极限的一种写法，极限值为 1）.

【例6】 求：① $\lim\limits_{n \to \infty} \sqrt[n]{2}$；② $\lim\limits_{n \to \infty} \sqrt[n]{2/3}$；③ $\lim\limits_{n \to \infty} \sqrt[n]{m}$（$0 < m < 1$）.

解：由 $\lim\limits_{n \to \infty} \sqrt[n]{m} = \lim\limits_{n \to \infty} m^{1/n} = 1$ 可得 $\lim\limits_{n \to \infty} \sqrt[n]{2} = 1$，$\lim\limits_{n \to \infty} \sqrt[n]{2/3} = 1$.

需要注意的是，$\sqrt[n]{2}$ 是单调递减大于 1 的数列，而 $\sqrt[n]{2/3}$ 是单调递增小于 1 的数列.

【例7】 求 $\lim\limits_{n \to \infty} \sqrt[n]{n}$.

解：$\lim\limits_{n \to \infty} \sqrt[n]{n} = 1$.

$\sqrt[n]{n}$ 是一个单调递减趋于 1 的数列，用目前学过的知识对其进行详细证明有一定的难度，因此证明在这里省略.

根据前面的讨论有以下定理.

定理 $\lim\limits_{x \to +\infty} \dfrac{a_n x^n + a_{n-1} x^{n-1} + \cdots + a_1 x + a_0}{b_m x^m + b_{m-1} x^{m-1} + \cdots + b_1 x + b_0} = \begin{cases} 0, & n < m, \\ \dfrac{a_n}{b_m}, & n = m, \\ \infty, & n > m. \end{cases}$

证明略.

【例8】 求 $\lim\limits_{n \to \infty} \dfrac{1 + 2^2 + 3^2 + \cdots + (n-1)^2 + n^2}{n^3}$.

解： $\lim\limits_{n \to \infty} \dfrac{1 + 2^2 + 3^2 + \cdots + (n-1)^2 + n^2}{n^3}$

$= \lim\limits_{n \to \infty} \dfrac{n(n+1)(2n+1)}{6n^3} = \dfrac{1}{3}$.

【例9】 求 $\lim\limits_{x \to \infty} \dfrac{2x^4 + 3x + 5}{(x+1)^2(2x+1)(3x-2)}$.

解：方法一： $\lim\limits_{x \to \infty} \dfrac{2x^4 + 3x + 5}{(x+1)^2(2x+1)(3x-2)}$

$= \lim\limits_{x \to \infty} \dfrac{2 + \dfrac{3}{x^3} + \dfrac{5}{x^4}}{\left(1 + \dfrac{1}{x}\right)^2 \left(2 + \dfrac{1}{x}\right)\left(3 - \dfrac{2}{x}\right)} = \dfrac{2}{2 \times 3} = \dfrac{1}{3}$.

方法二： $\dfrac{2x^4 + 3x + 5}{(x+1)^2(2x+1)(3x-2)}$ 中分子最高次项为 $2x^4$，分母最高次项为 $6x^4$，由

本节定理得 $\lim\limits_{x \to \infty} \dfrac{2x^4 + 3x + 5}{(x+1)^2(2x+1)(3x-2)} = \dfrac{2}{6} = \dfrac{1}{3}$.

【例10】 求：① $\lim\limits_{x \to \infty} \dfrac{x^2 - x}{x^3 - x}$；② $\lim\limits_{x \to 0} \dfrac{x^2 - x}{x^3 - x}$；③ $\lim\limits_{x \to 1} \dfrac{x^2 - x}{x^3 - x}$.

解：① 由本节定理得 $\lim\limits_{x \to \infty} \dfrac{x^2 - x}{x^3 - x} = 0$；② $\lim\limits_{x \to 0} \dfrac{x^2 - x}{x^3 - x} = \lim\limits_{x \to 0} \dfrac{x-1}{x^2 - 1} = 1$；③ $\lim\limits_{x \to 1} \dfrac{x^2 - x}{x^3 - x}$

$= \lim\limits_{x \to 1} \dfrac{x(x-1)}{x(x-1)(x+1)} = \lim\limits_{x \to 1} \dfrac{1}{x+1} = \dfrac{1}{2}$.

【例11】 求 $\lim\limits_{x \to \infty} \left[x^2 \cdot \left(\dfrac{1}{x+1} - \dfrac{1}{x-1} \right) \right]$.

解： $\lim\limits_{x \to \infty} \left[x^2 \cdot \left(\dfrac{1}{x+1} - \dfrac{1}{x-1} \right) \right] = \lim\limits_{x \to \infty} \left[x^2 \cdot \dfrac{x-1-(x+1)}{(x+1)(x-1)} \right] = \lim\limits_{x \to \infty} \dfrac{-2x^2}{x^2 - 1} = -2$.

【例 12】 求 $\lim\limits_{x \to 1} \dfrac{\sqrt[3]{x}-1}{\sqrt{x}-1}$.

解：$\lim\limits_{x \to 1} \dfrac{\sqrt[3]{x}-1}{\sqrt{x}-1} = \lim\limits_{x \to 1} \dfrac{(\sqrt[3]{x}-1)(\sqrt[3]{x^2}+\sqrt[3]{x}+1)(\sqrt{x}+1)}{(\sqrt{x}-1)(\sqrt{x}+1)(\sqrt[3]{x^2}+\sqrt[3]{x}+1)}$

$= \lim\limits_{x \to 1} \dfrac{(x-1)(\sqrt{x}+1)}{(x-1)(\sqrt[3]{x^2}+\sqrt[3]{x}+1)}$

$= \lim\limits_{x \to 1} \dfrac{\sqrt{x}+1}{\sqrt[3]{x^2}+\sqrt[3]{x}+1} = \dfrac{2}{3}$.

第四节 无穷小量、无穷大量和两个重要极限

一、无穷小量与无穷大量

定义 1 如果当 $x \to x_0$ 时，函数 $f(x)$ 的极限为零，那么称函数 $f(x)$ 为 $x \to x_0$ 时的无穷小量，简称无穷小. $x \to \infty$ 与数列极限可以类似定义.

定义 2 如果当 $x \to x_0$ 时，函数 $|f(x)|$ 的值越来越大，大于任何正数，那么称函数 $f(x)$ 为 $x \to x_0$ 时的无穷大量，简称无穷大. $x \to \infty$ 与数列极限可以类似定义.

无穷小量与无穷大量用极限可以写成 $\lim\limits_{x \to x_0} f(x) = 0$ 和 $\lim\limits_{x \to x_0} f(x) = \infty$，本书主要讨论无穷小的性质，无穷大的性质可以参考本科高等数学的教材.

无穷小量有如下性质.

性质 1 有限个无穷小量的和仍为无穷小量.

性质 2 常数与无穷小量的乘积仍为无穷小量.

性质 3 有限个无穷小量的乘积为无穷小量.

性质 4 有界量与无穷小量的乘积仍为无穷小量.

【例 1】 判断下面的极限哪些是无穷小量，哪些是无穷大量：① $\lim\limits_{x \to \infty} \dfrac{1}{x}$；② $\lim\limits_{x \to \infty} x$；

③ $\lim\limits_{x \to +\infty} 2^{-x}$；④ $\lim\limits_{x \to +\infty} 2^x$；⑤ $\lim\limits_{x \to 0} \tan x$；⑥ $\lim\limits_{x \to 0} \cot x$；⑦ $\lim\limits_{x \to \infty} \sin x$；⑧ $\lim\limits_{x \to \infty} x \sin x$.

解：易知 $\lim\limits_{x \to \infty} \dfrac{1}{x}$，$\lim\limits_{x \to +\infty} 2^{-x}$，$\lim\limits_{x \to 0} \tan x$ 为无穷小量；$\lim\limits_{x \to \infty} x$，$\lim\limits_{x \to +\infty} 2^x$，$\lim\limits_{x \to 0} \cot x$ 为无穷大量；$\lim\limits_{x \to \infty} \sin x$，$\lim\limits_{x \to \infty} x \sin x$ 既不是无穷大量也不是无穷小量.

由上面讨论可知有如下定理.

定理 1 在同一过程中，无穷大量与无穷小量互为倒数.

【例 2】 讨论 $\lim\limits_{x \to +\infty} e^x$，$\lim\limits_{x \to -\infty} e^x$，$\lim\limits_{x \to \infty} e^x$ 的极限情况.

解：$\lim\limits_{x \to +\infty} e^x = +\infty$，为无穷大量；$\lim\limits_{x \to -\infty} e^x = 0$，为无穷小量；$\lim\limits_{x \to \infty} e^x$ 不存在.

【例3】 讨论 $\lim\limits_{x \to 0} x \sin \dfrac{1}{x}$.

解：由于 $\lim\limits_{x \to 0} x = 0$，又 $\left| \sin \dfrac{1}{x} \right| \leqslant 1$，因而易知 $\lim\limits_{x \to 0} x \sin \dfrac{1}{x} = 0$.

注意：例3不能写成 $\lim\limits_{x \to 0} x \sin \dfrac{1}{x} = \lim\limits_{x \to 0} x \cdot \lim\limits_{x \to 0} \sin \dfrac{1}{x} = 0 \cdot \lim\limits_{x \to 0} \sin \dfrac{1}{x} = 0$，因为 $\lim\limits_{x \to 0} \sin \dfrac{1}{x}$ 不存在.

二、极限存在定理

定理2（单调有界定理） 若 $f(x)$ 单调递增，且 $f(x)$ 有界，则 $\lim\limits_{x \to +\infty} f(x)$ 存在，在其他极限情况下，只要单调有界，该定理就成立.

定理3（夹挤定理） 若 $\lim\limits_{x \to +\infty} f(x) = \lim\limits_{x \to +\infty} h(x) = A$，且 $f(x) \leqslant g(x) \leqslant h(x)$，则有 $\lim\limits_{x \to +\infty} g(x) = A$. 本定理对其他六种极限过程同样成立.

证明略.

三、两个重要极限

由于当 $x \to 0$ 时，$\sin x$ 与 x 的值无限接近，因此有第一个重要极限：

$$\lim_{x \to 0} \frac{\sin x}{x} = 1.$$

【例4】 求 $\lim\limits_{x \to 0} \dfrac{\sin kx}{x}$（$k \neq 0$）.

解：$\lim\limits_{x \to 0} \dfrac{\sin kx}{x} = \lim\limits_{x \to 0} \dfrac{k(\sin kx)}{kx}$

$= k \cdot \lim\limits_{t \to 0} \dfrac{\sin t}{t} = k$.

在第二个等号处令 $t = kx$，这种方法称为换元法.

【例5】 求 $\lim\limits_{x \to 0} \dfrac{\tan x}{x}$.

解：$\lim\limits_{x \to 0} \dfrac{\tan x}{x} = \lim\limits_{x \to 0} \left(\dfrac{\sin x}{x} \cdot \dfrac{1}{\cos x} \right)$

$= \lim\limits_{x \to 0} \dfrac{\sin x}{x} \cdot \lim\limits_{x \to 0} \dfrac{1}{\cos x} = 1$.

【例6】 求 $\lim\limits_{x \to 0} \dfrac{\arcsin x}{x}$.

解：令 $t = \arcsin x$，有 $\lim\limits_{x \to 0} \dfrac{\arcsin x}{x} = \lim\limits_{t \to 0} \dfrac{t}{\sin t} = 1$.

结合上面几个例子，当 $x \to 0$ 时，$\sin x$，x，$\arcsin x$，$\tan x$ 之间的值都很接近.

利用这个结论可以有下面的应用.

【例 7】 求 $\sin 1°$ 的近似值.

解： $\sin 1° = \sin \dfrac{\pi}{180} \approx \dfrac{\pi}{180} \approx 0.01745$.

【例 8】 求 $\lim\limits_{x \to 0} \dfrac{1 - \cos x}{x^2}$.

解： $\lim\limits_{x \to 0} \dfrac{1 - \cos x}{x^2} = \lim\limits_{x \to 0} \dfrac{2 \sin^2 \dfrac{x}{2}}{x^2} = \lim\limits_{x \to 0} \dfrac{2 \sin^2 \dfrac{x}{2}}{4 \left(\dfrac{x}{2} \right)^2} = \dfrac{1}{2}$.

【例 9】 求 $\lim\limits_{x \to 0} \dfrac{\sin \sin x}{\arcsin x}$.

解： $\lim\limits_{x \to 0} \dfrac{\sin \sin x}{\arcsin x} = \lim\limits_{x \to 0} \left(\dfrac{\sin \sin x}{\sin x} \cdot \dfrac{\sin x}{x} \cdot \dfrac{x}{\arcsin x} \right)$

$= \lim\limits_{x \to 0} \dfrac{\sin \sin x}{\sin x} \cdot \lim\limits_{x \to 0} \dfrac{\sin x}{x} \cdot \lim\limits_{x \to 0} \dfrac{x}{\arcsin x} = 1$.

考察数列 $\left(1 + \dfrac{1}{n} \right)^n$ ，可以证明，该数列单调递增且小于 3，由本节定理 3 可知，

数列 $\left(1 + \dfrac{1}{n} \right)^n$ 极限存在， $\lim\limits_{n \to \infty} \left(1 + \dfrac{1}{n} \right)^n = e$ ，具体证明略.

这个结论可以推广成本节的第二个重要极限：

$$\lim\limits_{n \to \infty} \left(1 + \dfrac{1}{x} \right)^x = e .$$

在上式中，令 $t = \dfrac{1}{x}$ ，当 $x \to \infty$ 时， $t \to 0$ ，因此，上式可变成 $\lim\limits_{t \to 0} (1 + t)^{\frac{1}{t}} = e.$

【例 10】 求 $\lim\limits_{x \to \infty} \left(1 + \dfrac{3}{x} \right)^{\frac{x}{2}}$.

解：令 $t = \dfrac{x}{3}$ ，由于当 $x \to \infty$ 时， $t \to \infty$ ，因此有

$\lim\limits_{x \to \infty} \left(1 + \dfrac{3}{x} \right)^{\frac{x}{2}} = \lim\limits_{t \to \infty} \left(1 + \dfrac{1}{t} \right)^{\frac{3t}{2}} = e^{\frac{3}{2}}$.

【例 11】 求 $\lim\limits_{x \to \infty} \left(1 - \dfrac{1}{x} \right)^x$.

解： $\lim\limits_{x \to \infty} \left(1 - \dfrac{1}{x} \right)^x = \lim\limits_{x \to \infty} \left[\left(1 + \dfrac{1}{-x} \right)^{-x} \right]^{-1}$ ，令 $t = -x$ ，当 $x \to \infty$ 时， $t \to \infty$ ，因此有

$$\lim_{x \to \infty} \left[\left(1 + \frac{1}{-x} \right)^{-x} \right]^{-1} = \lim_{t \to \infty} \left[\left(1 + \frac{1}{t} \right)^{t} \right]^{-1} = \mathrm{e}^{-1}.$$

这个结论可以记牢，很多时候有用.

【例 12】　求 $\lim\limits_{x \to \infty} \left(\dfrac{x+3}{x-2} \right)^{x}$.

解：方法一：$\lim\limits_{x \to \infty} \left(\dfrac{x+3}{x-2} \right)^{x} = \lim\limits_{x \to \infty} \left(1 + \dfrac{5}{x-2} \right)^{x}$，令 $t = x - 2$，则 $x = t + 2$，当 $x \to \infty$

时，$t \to \infty$，因此有

$$\begin{aligned}
\lim_{x \to \infty} \left(1 + \frac{5}{x-2} \right)^{x} &= \lim_{t \to \infty} \left(1 + \frac{5}{t} \right)^{t+2} \\
&= \lim_{t \to \infty} \left(1 + \frac{5}{t} \right)^{t} \cdot \lim_{t \to \infty} \left(1 + \frac{5}{t} \right)^{2} \\
&= \mathrm{e}^{5}.
\end{aligned}$$

方法二：$\lim\limits_{x \to \infty} \left(\dfrac{x+3}{x-2} \right)^{x} = \lim\limits_{x \to \infty} \dfrac{\left(1 + \dfrac{3}{x} \right)^{x}}{\left(1 - \dfrac{2}{x} \right)^{x}} = \dfrac{\mathrm{e}^{3}}{\mathrm{e}^{-2}} = \mathrm{e}^{5}.$

四、无穷小量的阶的比较

定义 3　设 $\alpha(x)$ 和 $\beta(x)$ 在 $x \to x_0$ 时均为无穷小量：①如果 $\lim\limits_{x \to x_0} \dfrac{\beta(x)}{\alpha(x)} = 0$，则称

$\beta(x)$ 是 $\alpha(x)$ 的高阶无穷小；②如果 $\lim\limits_{x \to x_0} \dfrac{\beta(x)}{\alpha(x)} = \infty$，则称 $\beta(x)$ 是 $\alpha(x)$ 的低阶无穷小；

③如果 $\lim\limits_{x \to x_0} \dfrac{\beta(x)}{\alpha(x)} = c$（$c \neq 0$，为常数），则称 $\beta(x)$ 与 $\alpha(x)$ 是同阶无穷小. ④如果

$\lim\limits_{x \to x_0} \dfrac{\beta(x)}{\alpha(x)} = 1$，则称 $\beta(x)$ 与 $\alpha(x)$ 是等价无穷小，记作 $\beta(x) \sim \alpha(x)$.

【例 13】　当 $x \to 0$ 时，比较下列无穷小量的阶：① x^2；② $\sin 2x$；③ $\sin x$；④ $\sin^2 x$；⑤ $1 - \cos x$；⑥ x.

解：由于 $\lim\limits_{x \to 0} \dfrac{\sin x}{x} = 1$，$\lim\limits_{x \to 0} \dfrac{\sin 2x}{x} = 2$，因而当 $x \to 0$ 时，$\sin 2x$、$\sin x$ 与 x 为同阶无穷小，其中，$\sin x$ 与 x 为等价无穷小.

由于 $\lim\limits_{x \to 0} \dfrac{\sin^2 x}{x^2} = 1$，$\lim\limits_{x \to 0} \dfrac{1 - \cos x}{x^2} = \dfrac{1}{2}$，因而当 $x \to 0$ 时，x^2、$\sin^2 x$ 与 $1 - \cos x$ 为同阶无穷小，其中，x^2 与 $\sin^2 x$ 为等价无穷小.

显然，当 $x \to 0$ 时，x^2、$\sin^2 x$ 与 $1-\cos x$ 中的任何一个为 $\sin 2x$、$\sin x$ 和 x 中任何一个的高阶无穷小.

对于无穷大量，也有相应的阶的比较，大家可以自己思考一下该如何定义. 具体可参考本科高等数学的教材.

【例 14】 当 $x \to 0$ 时，试比较无穷小量 $x\sin\dfrac{1}{x}$ 与 x^2 的阶的关系.

解：一方面，$\lim\limits_{x \to 0} \dfrac{x\sin\frac{1}{x}}{x^2} = \lim\limits_{x \to 0} \dfrac{\sin\frac{1}{x}}{x} \overset{t=\frac{1}{x}}{=} \lim\limits_{t \to \infty} t\sin t$ 不存在，且当 $x \to 0$ 时，$\dfrac{x\sin\frac{1}{x}}{x^2} =$

$t\sin t$ 既不是无穷大量，又不是无穷小量，也不是有界函数；另一方面，$\lim\limits_{x \to 0} \dfrac{x^2}{x\sin\frac{1}{x}} =$

$\lim\limits_{x \to 0} \dfrac{x}{\sin\frac{1}{x}}$ 不存在，且当 $x \to 0$ 时，$\dfrac{x^2}{x\sin\frac{1}{x}} = \dfrac{x}{\sin\frac{1}{x}}$ 既不是无穷大量，又不是无穷小量，

也不是有界函数，因而，当 $x \to 0$ 时，无法比较无穷小量 $x\sin\dfrac{1}{x}$ 与 x^2 的阶的关系.

这个例子说明，并不是所有的无穷小量都可以进行阶的比较，我们无法比较上面两个无穷小量哪个趋近于零的速度更快，哪个更慢.

五、未定式的极限

形如 $\dfrac{0}{0}$，$\dfrac{\infty}{\infty}$，$\infty - \infty$，$0 \cdot \infty$，0^0，∞^0，1^∞ 的函数式的极限称为未定式的极限，这类函数式不能直接把极限求出来，而需要积累一定的知识与技巧才能进行计算.

例如，$\lim\limits_{x \to 0} \dfrac{\sin x}{x}$ 是 $\dfrac{0}{0}$ 型的，$\lim\limits_{n \to \infty} \dfrac{n+1}{n+2}$ 是 $\dfrac{\infty}{\infty}$ 型的，$\lim\limits_{n \to \infty} \left(1+\dfrac{1}{n}\right)^n$ 是 1^∞ 型的，$\lim\limits_{n \to \infty} \dfrac{n+1}{n+2}$

是 $\dfrac{\infty}{\infty}$ 型的. 未定式的极限主要是 $\dfrac{0}{0}$ 型或 $\dfrac{\infty}{\infty}$ 型，其他类型一般先化成这两类再进行计算. 这里不再做进一步的讨论.

第五节　函数的连续性

一、连续的定义

定义 1 设函数 $f(x)$ 在包含点 x_0 的一个区间内有定义，如果 $f(x)$ 满足条件 $\lim\limits_{x \to x_0} f(x) = f(x_0)$，则称函数 $f(x)$ 在点 x_0 处连续.

若上面的极限条件改为只有 $\lim\limits_{x \to x_0^+} f(x) = f(x_0)$ 成立，则称为右连续，若极限条件

改为只有 $\lim\limits_{x \to x_0^-} f(x) = f(x_0)$ 成立，则称为左连续.

定义 2 若函数 $f(x)$ 在定义域内任一点上均连续，则称 $f(x)$ 为连续函数，简称 $f(x)$ 连续.

性质 所有的初等函数都是连续函数.

连续主要有两层含义：① $\lim\limits_{x \to x_0} f(x)$ 存在；② $\lim\limits_{x \to x_0} f(x) = f(x_0)$.

【**例 1**】 求：① $\lim\limits_{x \to \sqrt{2}} (x^2 + 2)$；② $\lim\limits_{x \to \frac{\pi}{4}} \sin x$.

解：① $\lim\limits_{x \to \sqrt{2}} (x^2 + 2) = (\sqrt{2})^2 + 2 = 4$；② $\lim\limits_{x \to \frac{\pi}{4}} \sin x = \sin \frac{\pi}{4} = \frac{\sqrt{2}}{2}$.

例 1 很简单，但这里要强调：由于 $x^2 + 2$ 与 $\sin x$ 都是连续函数，因而才能进行上面的计算. 从这个观点看，连续可以把 x_0 直接代入所求极限的式子，而上面两个函数都是初等函数，在定义域均连续，因而，直接把 x_0 代入没有问题，否则，每个初等函数都要验证其连续性，这是一件麻烦的事情，以前的数学家把这些问题都弄清楚了，在计算时只要直接把 x_0 代入即可.

下面着重讲解数学上的连续与日常生活和几何直观的连续之间的关系.

考察函数 $y = f(x)$，设 $y_0 = f(x_0)$，令 $\Delta x = x - x_0$，$\Delta y = y - y_0$，对于连续的定义 2，可以把条件 $\lim\limits_{x \to x_0} f(x) = f(x_0)$ 改写成 $\lim\limits_{\Delta x \to 0} \Delta y = 0$. 图 1.10 说明函数 $y = f(x)$ 在 $x = x_0$ 处连续时满足条件 $\lim\limits_{\Delta x \to 0} \Delta y = 0$，不连续时 $\lim\limits_{\Delta x \to 0} \Delta y \neq 0$. 因而，连续是指函数图像在指定区间内任一点都连接不断开，而不连续点处的函数图像是断开的，这说明数学上关于连续的定义正是来自日常生活和几何直观的.

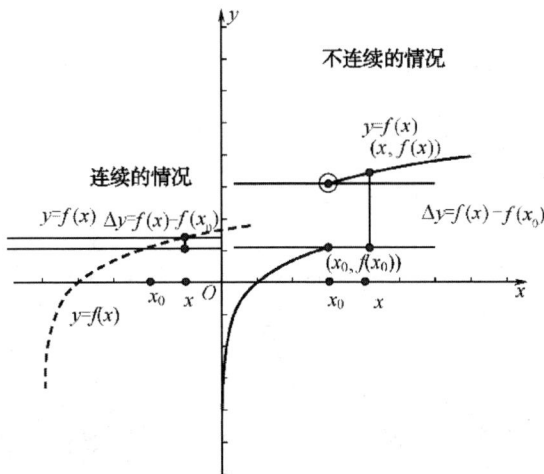

图 1.10

【**例 2**】 考察符号函数 $y = \operatorname{sgn} x = \begin{cases} -1, & x < 0, \\ 0, & x = 0, \\ 1, & x > 0. \end{cases}$ 讨论 $x = 0$ 时函数的连续性.

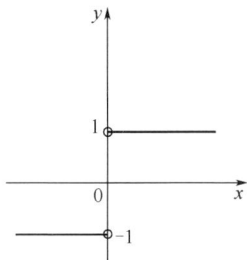

解：由图 1.11 可得 $\lim\limits_{x \to 0^-} \operatorname{sgn} x = -1$，$\lim\limits_{x \to 0^+} \operatorname{sgn} x = 1$.

由于左右极限不相等，所以 $\lim\limits_{x \to 0} \operatorname{sgn}(x)$ 不存在，该函数在 $x = 0$ 处不连续. 如果函数改成常数函数 $y = 1$，则函数在 $x = 0$ 处是连续函数. 从图像上看，不连续的就是断开的，而连续的就是连接不断开的，这可以很直观地说明数学中连续的含义，它与平时的连续并没有区别.

定义 3 若函数 $f(x)$ 在 x_0 点处不连续，则称 x_0 点为 $f(x)$ 的间断点.

图 1.11

二、间断点的类型

根据极限的情况不同，间断点可以分为不同的类型.

定义 4 设 x_0 点为 $f(x)$ 的间断点，若 $\lim\limits_{x \to x_0^+} f(x)$、$\lim\limits_{x \to x_0^-} f(x)$ 均存在，则称 x_0 点为 $f(x)$ 的第一类间断点. 其中，若 $\lim\limits_{x \to x_0^+} f(x) = \lim\limits_{x \to x_0^-} f(x)$，即 $\lim\limits_{x \to x_0} f(x)$ 存在，但 $\lim\limits_{x \to x_0} f(x) \neq f(x_0)$ 或 $f(x_0)$ 不存在，则称 x_0 点为 $f(x)$ 的可去间断点；若 $\lim\limits_{x \to x_0^+} f(x) \neq \lim\limits_{x \to x_0^-} f(x)$，则称 x_0 点为 $f(x)$ 的跳跃间断点. 当 $\lim\limits_{x \to x_0^+} f(x)$、$\lim\limits_{x \to x_0^-} f(x)$ 有一个不存在时，称 x_0 点为 $f(x)$ 的第二类间断点.

本节例 2 中符号函数 $\operatorname{sgn} x$，当 $x = 0$ 时，为第一类间断点中的跳跃间断点.

【**例 3**】 令 $f(x) = \begin{cases} \dfrac{x^2 - 1}{x - 1}, & x \neq 1, \\ 0, & x = 1. \end{cases}$ 判断 $f(x)$ 的间断点类型.

解：易见 $x = 1$ 为 $f(x)$ 的可去间断点.

三、连续函数的相关定理

连续函数的相关定理比较重要，后面要用到这些定理，因而在这里给出这些定理，但不做证明.

定理 1（最值定理） 若函数 $f(x)$ 在闭区间 $[a, b]$ 上连续，则函数 $f(x)$ 在闭区间 $[a, b]$ 上一定有最大值和最小值.

定理 2（介值定理） 设函数 $y = f(x)$ 在闭区间 $[a, b]$ 上连续，且 $f(a) = A$，$f(b) = B$（$A \neq B$），若 m 是介于 A 与 B 之间的一个数，则在开区间 (a, b) 内至少存在一个点 ξ，使 $f(\xi) = m$（$a < \xi < b$）.

定理 3（零点存在定理）　设函数 $y=f(x)$ 在闭区间 $[a,b]$ 上连续，且 $f(a)=A$，$f(b)=B$（$A\neq B$），若 $f(a)\cdot f(b)<0$，则在开区间 (a,b) 内至少存在一点 ξ，使 $f(\xi)=0$（$a<\xi<b$）.

习题 1-1

1．试指出下列函数的定义域与值域.

（1）$y=\sqrt{1-x}$.

（2）$y=\ln x$.

（3）$y=\sqrt{1-x^2}$.

（4）$y=\arcsin\dfrac{1}{1-x}$.

（5）$y=\arcsin\sqrt{1-x}+a$.

2．求下列函数的反函数.

（1）$y=2x+1$.

（2）$y=2^x+1$.

（3）$y=1+\sin\dfrac{x+1}{x-1}$.

3．已知 $f(\sin x)=\cos x$，$0\leqslant x\leqslant\dfrac{\pi}{2}$，求 $f(\cos x)$，$0\leqslant x\leqslant\dfrac{\pi}{2}$.

4．试指出下列初等函数的复合过程.

（1）$y=2^{\sin x}$.

（2）$y=2x+1$.

（3）$y=\mathrm{e}^{-x}$.

（4）$y=\sin 2x$.

（5）$y=(2x+1)^5$.

（6）$y=\sin^2 x$.

（7）$y=2^{\frac{\sin^2\sqrt{x}}{2}}$.

（8）$y=x^x$.

5．试指出弧度的定义，并求出 1 弧度的准确值.

习题 1-2

1．判断下面的说法是否正确.

（1）$\lim\limits_{n\to\infty}f(n)=\lim\limits_{n\to\infty}f(n+1)$.

（2）$\lim\limits_{n\to\infty}f(x)=\lim\limits_{n\to\infty}f(n+1)$.

（3）$\lim\limits_{n\to\infty} f(x) = \lim\limits_{x\to-\infty} f(x+1)$.

（4）$\lim\limits_{n\to\infty} f(x) = \lim\limits_{x\to\infty} f(x+1)$.

（5）如果 $f(x)$ 有界，那么 $\lim\limits_{n\to\infty} f(x)$ 存在.

（6）如果 $f(x)$ 无界，那么 $\lim\limits_{n\to\infty} f(x)$ 不存在.

（7）$\lim\limits_{x\to+\infty} \sin x$ 不存在.

（8）$|\lim\limits_{x\to\infty} f(x)| = \lim\limits_{x\to\infty} |f(x)|$.

（9）如果 $\lim\limits_{x\to x_0} f(x)$ 存在，那么 $f(x_0)$ 存在.

2．试求下列极限.

（1）$\lim\limits_{x\to\infty} \dfrac{1}{x^2}$.

（2）$\lim\limits_{x\to-\infty} e^{-\frac{1}{x^2}}$.

（3）$\lim\limits_{x\to-\infty} e^x$.

（4）$\lim\limits_{n\to\infty} \sqrt[n]{\dfrac{1}{2}}$.

（5）$\lim\limits_{n\to\infty} \sqrt[n]{M}$，$M>0$.

（6）$\lim\limits_{n\to\infty} \sqrt[n]{\dfrac{1}{n}}$.

（7）$\lim\limits_{x\to 2} \dfrac{x^2-1}{x+1}$.

（8）$\lim\limits_{x\to 0} \dfrac{x^2-1}{x+1}$.

（9）$\lim\limits_{x\to-1} \dfrac{x^2-1}{x+1}$.

（10）$\lim\limits_{x\to\infty} \dfrac{x^2-1}{x+1}$.

（11）$\lim\limits_{x\to\infty} \dfrac{x^2-1}{x^2+1}$.

习题 1-3

试求下列极限的值.

（1）$\lim\limits_{n\to\infty} \dfrac{2n^2+n-1}{3n^2+4n+1}$.

（2）$\lim\limits_{n \to \infty} \dfrac{20n^2 + n - 1}{n^3 + 4n + 1}$.

（3）$\lim\limits_{x \to \sqrt{2}} (x^2 + 2)$.

（4）$\lim\limits_{x \to \frac{\pi}{4}} \sin x$.

（5）$\lim\limits_{x \to 0} \dfrac{2x^2 + 3x^3}{3x^2 + 2x^3}$.

（6）$\lim\limits_{x \to \infty} \dfrac{2x^2 + 3x^3}{3x^2 + 2x^3}$.

（7）$\lim\limits_{x \to 1} \dfrac{x - 1}{x^2 - 1}$.

（8）$\lim\limits_{x \to 1} \dfrac{x^2 - 1}{x^2 - 2x + 1}$.

（9）$\lim\limits_{x \to 1} \dfrac{x^2 + 3x - 4}{x^2 + 2x - 1}$.

（10）$\lim\limits_{x \to 1} \dfrac{x^2 - 1}{x^3 - 1}$.

（11）$\lim\limits_{x \to 1} \dfrac{x^4 - 1}{x^3 - 1}$.

（12）$\lim\limits_{x \to 1} \dfrac{x^m - 1}{x^n - 1}$.

（13）$\lim\limits_{x \to 2} \dfrac{x^2 + 4x - 12}{x^2 - 5x + 6}$.

（14）$\lim\limits_{x \to 2} \dfrac{\sqrt{x + 2} - 2}{\sqrt{x + 7} - 3}$.

（15）$\lim\limits_{x \to 1} \dfrac{\sqrt{x} - 1}{\sqrt[3]{x} - 1}$.

（16）$\lim\limits_{n \to \infty} \dfrac{\sum\limits_{i=1}^{n} (i^2 + i)}{n^3}$.

（17）$\lim\limits_{h \to 0} \dfrac{(a + h)^2 - a^2}{h}$.

（18）$\lim\limits_{x \to \infty} \dfrac{(2x - 1)^4 (x + 5)^6}{(4x + 1)^{10}}$.

（19）$\lim\limits_{x \to 1} \dfrac{\sqrt{x + 3} - 2}{\sqrt{x + 8} - 3}$.

（20）$\lim\limits_{x \to 1} \dfrac{x^2 - 1}{2x^2 - x - 2}$.

（21）$\lim\limits_{x \to \infty} \dfrac{(2x+3)^{10}(3x+4)^{50}}{x^{60} + x^{50}}$.

（22）$\lim\limits_{x \to +\infty} (\sqrt{x^2 + 2x} - \sqrt{x^2 - 2x})$.

（23）$\lim\limits_{x \to \infty} x^2 \left(\dfrac{1}{x-1} - \dfrac{1}{x+1} \right)$.

（24）$\lim\limits_{n \to \infty} \dfrac{2^{n+1} + 3^{n+1}}{2^n + 3^n}$.

（25）$\lim\limits_{n \to \infty} \dfrac{\sqrt{n + \sqrt{n}}}{\sqrt{n - \sqrt{n}}}$.

（26）$\lim\limits_{x \to 1} \left(\dfrac{1}{1-x} - \dfrac{3}{1-x^3} \right)$.

习题 1-4

1．计算下列极限.

（1）$\lim\limits_{x \to 0} \dfrac{\sin kx}{x}$.

（2）$\lim\limits_{x \to 0} \dfrac{\sin mx}{\sin nx}$.

（3）$\lim\limits_{x \to 0} \dfrac{1 - \cos 2x}{x \sin x}$

（4）$\lim\limits_{x \to 0} \dfrac{\tan x - \sin x}{x^3}$.

（5）$\lim\limits_{x \to 0} x \cdot \cot x$.

（6）$\lim\limits_{x \to 0} (1 - x)^{\frac{1}{x}}$.

（7）$\lim\limits_{x \to \infty} \left(1 + \dfrac{2}{x} \right)^{x+1}$.

（8）$\lim\limits_{x \to \infty} \left(\dfrac{x+1}{x-1} \right)^x$.

（9）$\lim\limits_{n \to \infty} \left(1 + \dfrac{1}{n+1} \right)^n$.

（10）$\lim\limits_{x \to 0} \dfrac{\sin x^n}{\sin x^m}$ （n、m 为正整数）.

2．计算下列极限.

（1）$\lim\limits_{x \to 0} \dfrac{\sqrt{1+x} - \sqrt{1-x}}{x}$.

（2）$\lim\limits_{x \to 5} \dfrac{\sqrt{x-1} - 2}{x - 5}$.

（3）$\lim\limits_{x \to \infty} \dfrac{\sin x}{x}$.

（4）$\lim\limits_{x \to \infty} \dfrac{\sin \dfrac{1}{x}}{x}$.

（5）$\lim\limits_{x \to \infty} x \sin \dfrac{1}{x}$.

习题 1-5

1．判断下列说法是否正确.

（1）若 $\lim\limits_{x \to x_0} f(x)$ 存在，则 $f(x)$ 在 $x = x_0$ 处连续.

（2）若 $\lim\limits_{x \to x_0} f(x)$ 与 $f(x_0)$ 都存在，则 $f(x)$ 在 $x = x_0$ 处连续.

（3）若 $f(x)$，$g(x)$ 在 $x = x_0$ 处连续，则 $f(x) + g(x)$ 在 $x = x_0$ 处连续.

（4）若 $f(x)$，$g(x) + f(x)$ 在 $x = x_0$ 处连续，则 $g(x)$ 在 $x = x_0$ 处连续.

（5）若 $f(x)$，$g(x)$ 在 $x = x_0$ 处连续，则 $f(x) \cdot g(x)$ 在 $x = x_0$ 处连续.

（6）若 $f(x)$，$g(x) \cdot f(x)$ 在 $x = x_0$ 处连续，则 $g(x)$ 在 $x = x_0$ 处连续.

2．找出下列各函数的间断点并判断其类型.

（1）$f(x) = \dfrac{1}{x - 1}$.

（2）$f(x) = \dfrac{1}{(x + 1)(x - 2)}$.

（3）$f(x) = \dfrac{\sin x}{x}$.

（4）$f(x) = \dfrac{\sin x}{|x|}$.

（5）$f(x) = e^{\frac{1}{x}}$.

（6）设 $f(x) = \begin{cases} x^2 + 2x + 1, & x > 1, \\ 4x + a, & x \leqslant 1 \end{cases}$ 在 $x = 1$ 处连续，求 a 的值.

（7）证明 $f(x) = x^3 + x - 1$ 在 $[0,1]$ 上至少有一个实根.

第二章　导数

第一节　导数的定义与含义

一、导数的定义

定义　若函数 $y=f(x)$ 在 $x=x_0$ 附近的区间内有定义，且极限 $\lim\limits_{x \to x_0} \dfrac{f(x)-f(x_0)}{x-x_0}$ 存在，则称函数 $y=f(x)$ 在 $x=x_0$ 处可导，极限 $\lim\limits_{x \to x_0} \dfrac{f(x)-f(x_0)}{x-x_0}$ 的值称为函数 $y=f(x)$ 在 $x=x_0$ 处的导数，记作 $f'(x_0)$．若函数 $f(x)$ 在定义域内任一点均可导，则称 $f(x)$ 可导，$f(x)$ 在每点的导数组成的函数称为 $f(x)$ 的导函数．

注意：导数的定义其实可以用一个式子表示，即 $f'(x_0)=\lim\limits_{x \to x_0} \dfrac{f(x)-f(x_0)}{x-x_0}$．

导函数可写成 $f'(x)$ 或 $y'(x)$，也可简写成 f' 或 y'，还可写成 $\dfrac{\mathrm{d}y}{\mathrm{d}x}$ 或 $\dfrac{\mathrm{d}f(x)}{\mathrm{d}x}$ 等．函数 $y=f(x)$ 在 $x=x_0$ 处的导数还可记作 $\dfrac{\mathrm{d}y}{\mathrm{d}x}\Big|_{x=x_0}$ 或 $\dfrac{\mathrm{d}f(x)}{\mathrm{d}x}\Big|_{x=x_0}$，另外，一些其他类似的写法可以依次类推．

导函数也简称为导数．读者可根据上下文区分是一个点的导数还是一个函数的导数．

令 $\Delta x=x-x_0$，$\Delta y=y-y_0$，则上述极限又可写成 $\lim\limits_{\Delta x \to 0} \dfrac{\Delta y}{\Delta x}$．

导数含义十分深刻，下面通过例子来初步了解导数．

【例 1】　求函数 $y=c$ 在 $x=x_0$ 处的导数．

解：由定义可知，$f'(x_0)=\lim\limits_{x \to x_0} \dfrac{f(x)-f(x_0)}{x-x_0}=\lim\limits_{x \to x_0} \dfrac{c-c}{x-x_0}=0$，由于 x_0 可任意取值，因而可知常数函数的导数为 0，写成 $(c)'=0$．

【例 2】　求函数 $y=x^n$ 在 $x=x_0$ 处的导数．

解：由定义可知，

$$f'(x_0) = \lim_{x \to x_0} \frac{f(x) - f(x_0)}{x - x_0} = \lim_{x \to x_0} \frac{x^n - x_0^n}{x - x_0}$$

$$= \lim_{x \to x_0} \frac{(x - x_0)(x^{n-1} + x^{n-2}x_0 + \cdots + xx_0^{n-2} + x_0^{n-1})}{x - x_0} = nx_0^{n-1},$$

同样，由 x_0 的任意性可得到导数公式为

$$(x^n)' = nx^{n-1} \quad （这里 n 为任意正整数）. \tag{2.1}$$

式（2.1）的 n 可以推广为任意不为 0 的实数，此时一般写成

$$(x^a)' = ax^{a-1} \quad （a 为任意不为 0 的实数）. \tag{2.2}$$

这是导数里面最重要的一个公式，包含了很多常用的函数.

【例 3】　求函数 $y = x^2$ 的导数，并求导数在 $x = 1$ 处的值.

解：由式（2.2）易得 $y' = (x^2)' = 2x$，在 $x = 1$ 处的值为 2.

同理，可以得到下面的导数公式，由于这些公式经常要用到，因此大家不妨把这些都记牢，对以后的学习很有帮助.

（1）$(x)' = 1$.

（2）$(x^2)' = 2x$.

（3）$(x^3)' = 3x^2$.

（4）$(\sqrt{x})' = \dfrac{1}{2\sqrt{x}}$.

（4）$\left(\dfrac{1}{x}\right)' = -\dfrac{1}{x^2}$.

二、导数的基本含义

导数是高等数学中非常重要的概念，含义也很深刻，为了适应现代数学的抽象应用，此处先从导数的基本含义入手了解导数的含义.

由于 $f'(x_0) = \lim\limits_{x \to x_0} \dfrac{f(x) - f(x_0)}{x - x_0} = \lim\limits_{\Delta x \to 0} \dfrac{\Delta y}{\Delta x}$，其中，$\Delta x = x - x_0$，$\Delta y = y - y_0$ 分别表示 x 和 y 在 $x = x_0$ 处的变化量，$\dfrac{f(x) - f(x_0)}{x - x_0} = \dfrac{\Delta y}{\Delta x}$ 表示当 x 变化到 x_0 时 y 关于 x 的变化率，所以当 $x \to x_0$ 时，该极限变为 $y = f(x)$ 在 $x = x_0$ 处 y 关于 x 的变化率.

因而有导数的基本含义：导数 $f'(x_0) = \lim\limits_{x \to x_0} \dfrac{f(x) - f(x_0)}{x - x_0}$ 表示函数 $y = f(x)$ 在 $x = x_0$ 处 y 关于 x 的变化率.

【例 4】　求函数 $y = e^x$ 的导数，并求导数在 $x = -1, 0, 1, 2$ 处的值.

解： $f'(x) = \lim\limits_{h \to 0} \dfrac{e^{x+h} - e^x}{h}$

$= e^x \cdot \lim\limits_{h \to 0} \dfrac{e^h - 1}{h}$

$\overset{t=e^h-1}{=} e^x \cdot \lim\limits_{t \to 0} \dfrac{t}{\ln(1+t)}$

$= e^x \cdot \lim\limits_{t \to 0} \dfrac{1}{\ln(1+t)^{\frac{1}{t}}}$

$= e^x \cdot \dfrac{1}{\ln e} = e^x.$

因此 $(e^x)' = e^x$，$y = e^x$ 的导数即其本身，当 $x = -1, 0, 1, 2$ 时，导数的值分别为 $\dfrac{1}{e}$, 1, e, e^2.

从函数的图像看，指数函数 $y = e^x$ 增大的幅度越来越大，当自变量 x 小于 0 时，函数的变化幅度很小，而当自变量 x 大于 0 时，函数的变化幅度迅速增大，这与 $y = e^x$ 的导数求出来的值的变化规律是一致的，这说明导数的基本含义就是 y 关于 x 的变化率.

上面的导数公式可以推广为

$$(a^x)' = a^x \cdot \ln a \quad (a \text{ 为常数}, \ a > 0, \ a \neq 1).$$

【例 5】 求 $(e^{-x})'$.

解： $(e^{-x})' = \left[\left(\dfrac{1}{e}\right)^x\right]' = \left(\dfrac{1}{e}\right)^x \ln\dfrac{1}{e} = -e^{-x}.$

【例 6】 求 $(\sin x)'$.

解： $(\sin x)' = \lim\limits_{\Delta x \to 0} \dfrac{\sin(x+\Delta x) - \sin x}{\Delta x} = \lim\limits_{\Delta x \to 0} \dfrac{2\sin\dfrac{\Delta x}{2}\cos\left(x+\dfrac{\Delta x}{2}\right)}{\Delta x}$

$= \lim\limits_{\Delta x \to 0} \dfrac{2\dfrac{\Delta x}{2}\cos\left(x+\dfrac{\Delta x}{2}\right)}{\Delta x} = \lim\limits_{\Delta x \to 0} \cos\left(x+\dfrac{\Delta x}{2}\right) = \cos x.$

用同样的方法可求得 $(\cos x)' = -\sin x$.

三、导数的物理学含义

物体的运动除了可以求平均速度，还可以求瞬时速度，这里从物体的平均速度与瞬时速度之间的关系入手给出瞬时速度的严格定义.

设做变速运动的物体的运动方程为

$$s = s(t).$$

下面讨论物体在 t_0 时刻的瞬时速度.

当时间由 t_0 变到 t 时，令 $t - t_0 = \Delta t$，物体的运动路程为

$$\Delta s = s(t_0 + \Delta t) - s(t_0),$$

两端同除以 Δt，可得物体在 Δt 这段时间内的平均速度为

$$\bar{v} = \frac{\Delta s}{\Delta t} = \frac{s(t_0 + \Delta t) - s(t_0)}{\Delta t}.$$

当 $\Delta t \to 0$ 时，$\bar{v}$ 的极限即物体在 t_0 时刻的速度，即

$$v(t_0) = \lim_{\Delta t \to 0} \bar{v} = \lim_{\Delta t \to 0} \frac{s(t_0 + \Delta t) - s(t_0)}{\Delta t}.$$

根据导数的定义，即

$$\lim_{\Delta t \to 0} \frac{s(t_0 + \Delta t) - s(t_0)}{\Delta t} = s'(t_0),$$

因而有 $v(t_0) = s'(t_0)$，即瞬时速度是路程 s 关于时间 t 的导数，用导数的另一形式可写成 $v(t) = \dfrac{ds}{dt}$，根据导数的基本含义，路程 s 关于时间 t 的导数为路程 s 关于时间 t 在某一时刻的变化率，即 t_0 时刻的瞬时速度.

【例7】 一人将一石头以初速度 v_0 向上抛出，不计空气阻力，得到在任一时刻 t 石头的位移公式 $s(t) = -v_0 t + \dfrac{1}{2} g t^2$（$g$ 为重力加速度），试求石头在任一时刻 t 的运动速度.

解：$v(t) = \left(-v_0 t + \dfrac{1}{2} g t^2\right)' = (-v_0 t)' + \left(\dfrac{1}{2} g t^2\right)' = -v_0 + gt$（此处提前用了一个公式），

结果正是物理学中抛体的速度公式（匀加速运动，加速度为 g）.

设 $v = v(t)$ 为物体在任一时刻的瞬时速度，利用上面的结果考虑 $\dfrac{dv}{dt}$ 的含义.

根据导数的含义，$\dfrac{dv}{dt}$ 表示速度 v 关于时间 t 在某时刻的变化率，即 $\dfrac{dv}{dt}$ 表示速度在某时刻变化快慢的量，也就是物体在 t 时刻的加速度，记作 $a(t)$.

对于例 7，由于 $[v(t)]' = (-v_0 + gt)' = g$，因而上面的运动就是有初速度的自由落体运动.

四、导数的几何意义

下面考虑函数 $y = f(x)$ 的导数的几何意义.

设 $y = f(x)$ 在图像上有两点 $A(x_0, y_0)$，$B(x, y)$（见图 2.1），l_0 为 $y = f(x)$ 在点 A

的切线，则直线 AB 的斜率为 $\dfrac{f(x)-f(x_0)}{x-x_0}$，当 $x \to x_0$ 时，点 B 趋向于点 A，直线 AB

趋向于 l_0，因而有

$$\lim_{x \to x_0} \frac{f(x)-f(x_0)}{x-x_0} = \lim_{x \to x_0} k_{AB} = \lim_{AB \to l_0} k_{AB} = k_{l_0},$$

即 $f'(x_0) = k_{l_0}$，正是这点切线的斜率，这就是导数的几何意义.

导数的几何意义：导数 $f'(x_0)$ 表示函数 $y = f(x)$ 的图像在 $x = x_0$ 处切线的斜率.

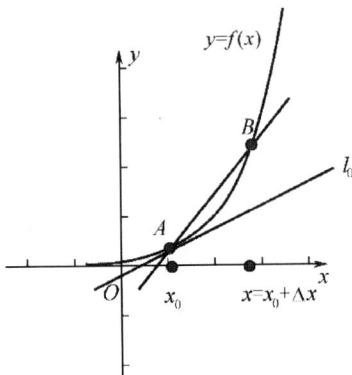

图 2.1

【例 8】 讨论函数 $y = x^2$ 在 $x = 0$，1，-1，10 处切线的斜率.

解：$y' = (x^2)' = 2x$. 在 $x = 0$，1，-1，10 处函数切线的斜率为 $y' = 0$，2，-2，20.

事实上，由于函数图像上切线的斜率反映的是函数 $y = f(x)$ 上 y 关于 x 在 x_0 处的变化率，这与导数的基本含义一致，因而导数的几何意义表示切线的斜率.

【例 9】 求函数 $y = \sin x$ 在 $x = 0$ 处的切线方程.

解：$y'|_{x=0} (\sin x)'|_{x=0} = \cos x|_{x=0} = 1$，由于切线过原点，因而所求切线方程为 $y = x$.

五、边际与导数

设某产品的总成本 C 是产量 Q 的函数，即 $C = C(Q)$，当产量由 Q_0 变到 $Q_0 + \Delta Q$ 时，产品的总成本相应的改变量为 ΔC，即 $\Delta C = C(Q_0 + \Delta Q) - C(Q_0)$，则产量由 Q_0 变到 $Q_0 + \Delta Q$ 时平均成本为

$$\frac{\Delta C}{\Delta Q} = \frac{C(Q_0 + \Delta Q) - C(Q_0)}{\Delta Q}.$$

当 $\Delta Q \to 0$ 时，如果极限 $\lim\limits_{\Delta Q \to 0} \dfrac{\Delta C}{\Delta Q} = \lim\limits_{\Delta Q \to 0} \dfrac{C(Q_0 + \Delta Q) - C(Q_0)}{\Delta Q}$ 存在，则此极限是产量为 Q_0 时总成本关于产量的变化率，又称为边际成本.

很多同学对边际成本一开始很难理解，可以从以下两点进行理解.

（1）成本除了平均成本，还有各个不同产品的成本，即边际成本.

（2）可以对照瞬时速度的概念，将边际成本理解为"瞬时成本".

从数学的角度看，边际成本是总成本关于总产量在某个产量时的变化率，即总成本 C 关于产量 Q 的导数 $C'(Q)$.

【例10】某产品生产 x 个单位产品时的总成本 C 是 x 的函数，且 $C(x)=8000+200\sqrt{x}$，求生产 100 个单位产品时的边际成本.

解：由 $C(x)=8000+200\sqrt{x}$ 得边际成本为 $C'(x)=100/\sqrt{x}$，故生产 100 个单位产品时的边际成本为 $C'(100)=10$.

第二节　导数的运算与公式

一、函数的四则运算求导法则

定理　如果函数 $u=u(x)$，$v=v(x)$ 都在点 x 处有导数，那么有以下公式.

（1）$[u(x)\pm v(x)]'=u'(x)\pm v'(x)$.

（2）$[k\cdot v(x)]'=kv'(x)$.

（3）$[u(x)\cdot v(x)]'=u'(x)v(x)+u(x)v'(x)$.

（4）$\left[\dfrac{u(x)}{v(x)}\right]'=\dfrac{u'(x)v(x)-u(x)v'(x)}{v^2(x)}$.

对于定理的证明，此处仅以公式（3）为例，证明如下.

证明：设 $y=u(x)\cdot v(x)$，取 x 的改变量为 Δx（$\Delta x\neq 0$），则 u，v，y 相应的改变量为 Δu，Δv，Δy.

$$
\begin{aligned}
y' &= \lim_{\Delta x\to 0}\frac{\Delta y}{\Delta x}\\
&= \lim_{\Delta x\to 0}\frac{u(x+\Delta x)v(x+\Delta x)-u(x)v(x)}{\Delta x}\\
&= \lim_{\Delta x\to 0}\frac{u(x+\Delta x)v(x+\Delta x)-u(x)v(x+\Delta x)+u(x)v(x+\Delta x)-u(x)v(x)}{\Delta x}\\
&= \lim_{\Delta x\to 0}\frac{[u(x+\Delta x)-u(x)]v(x+\Delta x)+u(x)[v(x+\Delta x)-v(x)]}{\Delta x}\\
&= \lim_{\Delta x\to 0}\left[\frac{u(x+\Delta x)-u(x)}{\Delta x}\cdot v(x+\Delta x)+u(x)\cdot\frac{v(x+\Delta x)-v(x)}{\Delta x}\right]\\
&= u'(x)v(x)+u(x)v'(x)，证毕.
\end{aligned}
$$

【例1】　已知函数 $y=kx+b$，求 y'.

解：$y'=(kx+b)'=k(x)'+(b)'=k$.

这一结论也可由导数的几何意义得出.

【例 2】 已知函数 $y = 2^x 3^x$，求 y'.

解：方法一：$y' = (2^x 3^x)' = (6^x)' = 6^x \ln 6$.

方法二：$y' = (2^x 3^x)' = (2^x)' 3^x + 2^x (3^x)' = 2^x 3^x \ln 2 + 2^x 3^x \ln 3$

$\qquad = 2^x 3^x (\ln 2 + \ln 3) = 6^x \ln 6$.

【例 3】 已知函数 $y = \tan x$，求 y'.

解：$y' = (\tan x)' = \left(\dfrac{\sin x}{\cos x}\right)' = \dfrac{(\sin x)' \cos x - \sin x (\cos x)'}{\cos^2 x} = \dfrac{\cos^2 x + \sin^2 x}{\cos^2 x} = \sec^2 x$.

二、导数公式

基本初等函数的导数公式是进行导数运算的基础，也是平时最常见的函数，前面已经给出了几个基本初等函数的导数公式. 下面给出基本初等函数的导数公式，其余的不再证明，读者可自行推导.

（1）$(c)' = 0$.

（2）$(x^\alpha)' = \alpha x^{\alpha-1}$.

（3）$(a^x)' = a^x \ln a$.

（4）$(e^x)' = e^x$.

（5）$(\log_a x)' = \dfrac{1}{x \ln a}$.

（6）$(\ln x)' = \dfrac{1}{x}$.

（7）$(\sin x)' = \cos x$.

（8）$(\cos x)' = -\sin x$.

（9）$(\tan x)' = \sec^2 x$.

（10）$(\cot x)' = -\csc^2 x$.

（11）$(\sec x)' = \sec x \tan x$.

（12）$(\csc x)' = -\csc x \cot x$.

（13）$(\arcsin x)' = \dfrac{1}{\sqrt{1-x^2}}$.

（14）$(\arccos x)' = -\dfrac{1}{\sqrt{1-x^2}}$.

（15）$(\arctan x)' = \dfrac{1}{1+x^2}$.

（16）$(\text{arccot} x)' = -\dfrac{1}{1+x^2}$.

【例4】 已知函数 $y = x + 2x\sqrt{x} + \sqrt[3]{\dfrac{1}{x}}$，求 y'.

解： $y' = (x + 2x^{3/2} + x^{-1/3})' = 1 + 3x^{1/2} - \dfrac{1}{3}x^{-4/3}$

$\qquad = 1 + 3\sqrt{x} - \dfrac{1}{3\sqrt[3]{x^4}}$.

【例5】 已知函数 $y = x\ln x$，求 y'.

解： $y' = (x\ln x)' = (x)'\ln x + x(\ln x)'$

$\qquad = \ln x + 1$.

【例6】 已知函数 $y = x^2\sin x\ln x$，求 y'.

解： $y' = (x^2\sin x\ln x)' = (x^2)'\sin x\ln x + x^2(\sin x\ln x)'$

$\qquad = 2x\sin x\ln x + x^2[(\sin x)'\ln x + \sin x(\ln x)']$

$\qquad = 2x\sin x\ln x + x^2\left(\cos x\ln x + \dfrac{\sin x}{x}\right)$

$\qquad = 2x\sin x\ln x + x^2\cos x\ln x + x\sin x$.

【例7】 已知函数 $y = (x^2 + 1)\arctan x + \sin 3 + 2^x + x^2$，求 y'.

解： $y' = (x^2 + 1)'\arctan x + (x^2 + 1)(\arctan x)' + (\sin 3)' + (2^x)' + (x^2)'$

$\qquad = 2x\arctan x + 1 + 2^x\ln 2 + 2x$.

【例8】 已知函数 $y = \dfrac{x\ln x}{x + \ln x}$，求 y'.

解： $y' = \left(\dfrac{x\ln x}{x + \ln x}\right)'$

$\qquad = \dfrac{(x\ln x)'(x + \ln x) - (x\ln x)(x + \ln x)'}{(x + \ln x)^2}$

$\qquad = \dfrac{(\ln x + 1)(x + \ln x) - (x\ln x)(1 + 1/x)}{(x + \ln x)^2}$

$\qquad = \dfrac{\ln^2 x + x}{(x + \ln x)^2}$.

三、复合函数求导法则

设函数 $y = f(u)$, $u = u(x)$，如果 $u(x)$ 在点 x 处可导，$f(u)$ 在对应点 u 处可导，则复合函数 $y = f[u(x)]$ 在点 x 处可导，且有 $\{f[u(x)]\}' = f'(u) \cdot u'(x)$ 或 $\dfrac{\mathrm{d}f}{\mathrm{d}x} = \dfrac{\mathrm{d}f}{\mathrm{d}u} \cdot \dfrac{\mathrm{d}u}{\mathrm{d}x}$，该公式称为复合函数求导法则.

复合函数求导法则可用文字描述："复合函数"的导数="外层函数"的导数×"内层函数"的导数.

该法则可推广到多个函数复合的情形. 例如，设 $y = f(u)$，$u = g(v)$，$v = \varphi(x)$，则三重复合函数 $y = f\{g[\varphi(x)]\}$ 对 x 的导数为 $\dfrac{\mathrm{d}y}{\mathrm{d}x} = \dfrac{\mathrm{d}y}{\mathrm{d}u} \cdot \dfrac{\mathrm{d}u}{\mathrm{d}v} \cdot \dfrac{\mathrm{d}v}{\mathrm{d}x}$.

复合函数求导法则也被称为链式法则.

【例 9】 已知函数 $y = \sin(\ln x)$，求 y'.

解：令 $y = \sin u$，$u = \ln x$，即 $y = f(u) = \sin u$，$u = u(x) = \ln x$，又 $\dfrac{\mathrm{d}f(u)}{\mathrm{d}u} = \dfrac{\mathrm{d}\sin u}{\mathrm{d}u} =$

$\cos u$，$\dfrac{\mathrm{d}u}{\mathrm{d}x} = \dfrac{\mathrm{d}\ln x}{\mathrm{d}x} = \dfrac{1}{x}$，根据复合函数导数求导法则 $\dfrac{\mathrm{d}f}{\mathrm{d}x} = \dfrac{\mathrm{d}f}{\mathrm{d}u} \cdot \dfrac{\mathrm{d}u}{\mathrm{d}x}$ 可得

$$y' = \frac{\mathrm{d}f}{\mathrm{d}x} = \frac{\mathrm{d}f}{\mathrm{d}u} \cdot \frac{\mathrm{d}u}{\mathrm{d}x} = \cos u \cdot \frac{1}{x} = \cos(\ln x) \cdot \frac{1}{x}.$$

上面的推导过程可以简单地写成

$$[\sin(\ln x)]' = \cos u \cdot (\ln x)' = \cos u \cdot \frac{1}{x} = \cos(\ln x) \cdot \frac{1}{x}.$$

【例 10】 求函数 $y = \arctan \dfrac{1}{x}$ 的导数.

解：$y = \arctan \dfrac{1}{x}$ 可看成由 $\arctan u$ 与 $u = \dfrac{1}{x}$ 复合而成，且 $(\arctan u)' = \dfrac{1}{1 + u^2}$，

$\left(\dfrac{1}{x}\right)' = -\dfrac{1}{x^2}$，则有

$$y' = \left(\arctan \frac{1}{x}\right)' = \frac{1}{1 + \left(\dfrac{1}{x}\right)^2} \cdot \left(-\frac{1}{x^2}\right) = -\frac{1}{1 + x^2}.$$

以后不再写出函数的复合关系，直接给出导数的求解过程.

【例 11】 已知函数 $y = \sqrt{1 - x^2}$，求 y'.

解：$y' = (\sqrt{1 - x^2})' = \left[(1 - x^2)^{\frac{1}{2}}\right]' = \dfrac{1}{2} \cdot \dfrac{1}{\sqrt{1 - x^2}} \cdot (1 - x^2)' = -\dfrac{x}{\sqrt{1 - x^2}}$.

【例 12】 已知函数 $y = \mathrm{e}^{-\frac{x^2}{2}}$，求 y'.

解：$y' = \mathrm{e}^{-\frac{x^2}{2}}\left(-\dfrac{x^2}{2}\right)' = -x\mathrm{e}^{-\frac{x^2}{2}}$.

【例 13】 已知函数 $y = \ln(x + \sqrt{1 + x^2})$，求 y'.

解：$y' = [\ln(x + \sqrt{1 + x^2})]' = \dfrac{1}{x + \sqrt{1 + x^2}} \cdot (x + \sqrt{1 + x^2})'$

$\qquad = \dfrac{1}{x + \sqrt{1 + x^2}} \left[1 + \dfrac{1}{2} \dfrac{1}{\sqrt{1 + x^2}} (1 + x^2)' \right]$

$\qquad = \dfrac{1}{x + \sqrt{1 + x^2}} \left(1 + \dfrac{1}{2} \dfrac{2x}{\sqrt{1 + x^2}} \right)$

$\qquad = \dfrac{1}{\sqrt{1 + x^2}}.$

【例 14】 已知函数 $y = e^{\sqrt{1 - \sin x}}$，求 y'.

解：$y' = (e^{\sqrt{1 - \sin x}})' = e^{\sqrt{1 - \sin x}} \cdot (\sqrt{1 - \sin x})' = e^{\sqrt{1 - \sin x}} \cdot \dfrac{1}{2} \cdot \dfrac{(1 - \sin x)'}{\sqrt{1 - \sin x}}$

$\qquad = \dfrac{1}{2} e^{\sqrt{1 - \sin x}} \cdot \dfrac{-\cos x}{\sqrt{1 - \sin x}} = -\dfrac{1}{2} \dfrac{\cos x}{\sqrt{1 - \sin x}} e^{\sqrt{1 - \sin x}}.$

第三节　隐函数的导数与高阶导数

一、隐函数求导

定义 1　由方程 $F(x, y) = 0$ 确定的 y 关于 x 的函数称为隐函数. 平时用的函数形式 $y = y(x)$ 称为显函数.

【例 1】 椭圆方程 $\dfrac{x^2}{a^2} + \dfrac{y^2}{b^2} = 1$ 确定了一个 y 关于 x 的隐函数，但若将函数写成

$y = b\sqrt{1 - \dfrac{x^2}{a^2}}$ 或 $y = -b\sqrt{1 - \dfrac{x^2}{a^2}}$ 的形式，则为显函数.

【例 2】 已知方程 $\dfrac{x^2}{a^2} + \dfrac{y^2}{b^2} = 1$，试求其导数 y'.

解：首先将 $\dfrac{x^2}{a^2} + \dfrac{y^2}{b^2} = 1$ 写成 $\dfrac{x^2}{a^2} + \dfrac{y^2(x)}{b^2} = 1$，这样函数的结构可以看得更清楚，对等式两边关于 x 求导得

$$\dfrac{2x}{a^2} + \dfrac{2y(x)y'(x)}{b^2} = 0,$$

整理得 $y'(x) = -\dfrac{b^2 x}{a^2 y(x)}$，即为所求的隐函数的导数.

为了简便，把上式写成 $y' = -\dfrac{b^2 x}{a^2 y}$.

为了方便，书中一般都采用后一种形式，而不采用带（x）的形式，这可以大大提高数学的表达效率．另外，大家可以思考：是否要把 y 写成显函数的形式呢？

【例3】 已知方程 $x^3 + y^3 + 3xy = a^3$ 确定了一个 y 关于 x 的隐函数，求其导数 y'，并求函数在点 $(a,0)$ 处的切线方程．

解：对 $x^3 + y^3 + 3xy = a^3$ 两边关于 x 求导得

$$3x^2 + 3y^2 y' + 3y + 3xy' = 0 ，$$

化简得

$$y' = -\frac{x^2 + y}{y^2 + x} .$$

在点 $(a,0)$ 处有 $y'|_{(a,0)} = -a$，在点 $(a,0)$ 处的切线方程为

$$y = -a(x - a) .$$

【例4】 设方程 $y + x - \mathrm{e}^{xy} = 0$ 确定了隐函数 $y = y(x)$，求其导数 y'．

解：对等式两边关于 x 求导得

$$y' + 1 - \mathrm{e}^{xy}(y + xy') = 0 ，$$

化简得

$$y' = \frac{1 - y\mathrm{e}^{xy}}{x\mathrm{e}^{xy} - 1} .$$

二、对数求导法

【例5】 已知函数 $y = \sqrt[3]{\dfrac{(x+1)(x+2)}{(x+3)^2}}$，求其导数 y'．

解：由于直接求导数的计算量非常大，因此这里采用一种新的方法．

对等式两边取自然对数得

$$\ln y = \ln \sqrt[3]{\frac{(x+1)(x+2)}{(x+3)^2}} ，$$

整理得

$$\ln y = \frac{1}{3}\ln(x+1) + \frac{1}{3}\ln(x+2) - \frac{2}{3}\ln(x+3) ，$$

对等式两边关于 x 求导得

$$\frac{y'}{y} = \frac{1}{3(x+1)} + \frac{1}{3(x+2)} - \frac{2}{3(x+3)} ，$$

$$y' = \left[\frac{1}{3(x+1)} + \frac{1}{3(x+2)} - \frac{2}{3(x+3)} \right] y$$

$$= \left[\frac{1}{3(x+1)} + \frac{1}{3(x+2)} - \frac{2}{3(x+3)} \right] \cdot \sqrt[3]{\frac{(x+1)(x+2)}{(x+3)^2}}.$$

这种方法称为对数求导法.

形如 $y = [u(x)]^{v(x)}$ 的函数称为幂指函数，利用对数求导法可以求这类函数的导数.

【例6】　已知函数 $y = x^x$，求其导数 y'.

解：对等式两边取自然对数得

$$\ln y = \ln x^x,$$

即 $\ln y = x \ln x$，两边关于 x 求导，得

$$\frac{y'}{y} = \ln x + 1,$$

$$y' = (\ln x + 1) y, \tag{2.3}$$

将 $y = x^x$ 代入式（2.3）得

$$y' = (\ln x + 1) x^x.$$

三、高阶导数

如果导数 $f'(x)$ 是可导函数，那么可以对导数接着求导数，即 $[f'(x)]'$，这个导数的导数称为二阶导数，记作 $f''(x)$ 或 $\dfrac{\mathrm{d}^2 f}{\mathrm{d}x^2}$. 二阶导数的导数称为三阶导数，记作 $f'''(x)$ 或 $\dfrac{\mathrm{d}^3 f}{\mathrm{d}x^3}$，同理，如果 $y = f(x)$ 可以进行 n 次求导，则称其结果为 n 阶导数，记作 $f^{(n)}(x)$ 或 $\dfrac{\mathrm{d}^n y}{\mathrm{d}x^n}$.

【例7】　已知函数 $y = x \ln x$，求 y''.

解：$y' = \ln x + 1$，

$$y'' = \frac{1}{x}.$$

【例8】　已知函数 $y = x^3 - 3x^2 + 3x - 1$，求 $f'''(x)$，$f^{(4)}(x)$.

解：$f'(x) = 3x^2 - 6x + 3$，

$$f''(x) = 6x - 6,$$

$$f'''(x) = 6,$$

$$f^{(4)}(x) = 0.$$

通过上面例子，有结论：

$$(x^n)^{(n)} = n!,$$

另外，n 次多项式的 $n+1$ 阶导数为零.

【例 9】 已知函数 $y = \sin x$，求 $y^{(n)}$.

解： $y' = \cos x = \sin\left(x + \dfrac{\pi}{2}\right)$，

因而

$$y'' = \left[\sin\left(x + \dfrac{\pi}{2}\right)\right]' = \sin\left(x + \dfrac{\pi}{2} + \dfrac{\pi}{2}\right),$$

从而

$$y^{(n)} = \left[\sin\left(x + \dfrac{\pi}{2}\right)\right]^{(n-1)} = \cdots = \sin\left(x + \dfrac{n\pi}{2}\right).$$

第四节　微分与近似计算

对于某些函数，经常需要研究当自变量进行微小变化或在相对微小的范围内变动时，因变量的变化. 例如，当圆半径增加 1% 时，圆周长增加多少？圆面积增加多少？当人的身高增加 1cm 时，人的标准体重增加多少？

对于圆的面积，如图 2.2 所示，如果圆半径从 x 增加到 $x + \Delta x$，则易见圆面积增加了一圈，大约为 $2\pi x \cdot \Delta x$，但事实上，圆面积增加的准确值为 $\pi(x + \Delta x)^2 - \pi x^2 = 2\pi x \cdot \Delta x + \pi \Delta x^2$，后面的 $\pi \Delta x^2$ 经常忽略不计，这种简单的替代是数学里的一种常用方法，其中隐藏了微分的思想.

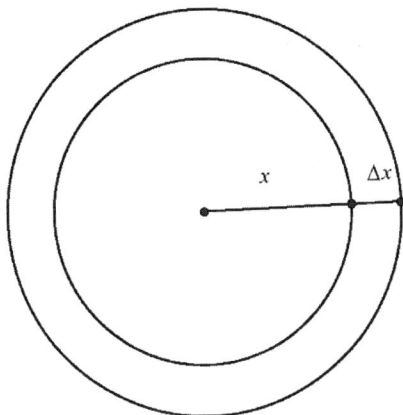

图 2.2

定义　设函数 $y = f(x)$ 在包含 x 的一个区间内有定义，且在点 x 处可导，则称 $f'(x)\Delta x$ 为 $y = f(x)$ 的微分，记作 $f'(x)\Delta x = \mathrm{d}f(x)$.

由上可知，微分是函数 $y = f(x)$ 在点 x 附近由切线来代替 $f(x)$ 的，这样可以大大降低 $f(x)$ 的复杂性，而用直线来代替曲线 $f(x)$，在局部以直代曲是微分的基本思想，是数学思维的一次飞跃. 例如，水平线通常都用直线代替，但事实上，地球上的水平线应该是一个圆. 在地球上很小的一部分用直线来代替圆显然是一个很好的近似，我们平时甚至感觉不出其中有什么差别.

定理　设函数 $y = f(x)$ 在包含 x 的一个区间内有定义，且在点 x 处可导，则当 Δx 很小时，有

$$\mathrm{d}f(x) \approx \Delta f(x)，\quad \text{其中，} \quad \Delta f(x) = f(x + \Delta x) - f(x).$$

证明略.

【例 1】　求微分：① $y = \sin x$；② $y = x^2$；③ $y = \arctan \sqrt{x}$.

解：① $\mathrm{d}y = \mathrm{d}\sin x = (\sin x)'\Delta x = \cos x \Delta x$；② $\mathrm{d}y = \mathrm{d}x^2 = 2x\Delta x$；

③ $\mathrm{d}y = \mathrm{d}\arctan \sqrt{x} = \dfrac{1}{1+x} \cdot \dfrac{1}{2\sqrt{x}}\Delta x = \dfrac{1}{2(1+x)\sqrt{x}}\Delta x$.

【例 2】　求 $f(x) = x$ 的微分.

解：$\mathrm{d}x = 1\Delta x = \Delta x$，即 $\mathrm{d}x = \Delta x$.

因此，以后可以用 $\mathrm{d}x$ 来代替 Δx，而微分 $\mathrm{d}f(x) = f'(x)\Delta x$ 可以写成 $\mathrm{d}f(x) = f'(x)\mathrm{d}x$.

为了方便，以后都采用后一种写法.

【例 3】　求：① $y = f(u)$；② $u = u(x)$；③ $y = f[u(x)]$ 的微分.

解：① $\mathrm{d}f(u) = f'(u)\mathrm{d}u$；② $\mathrm{d}u = u'(x)\mathrm{d}x$；

③ $\mathrm{d}f[u(x)] = f'[u(x)]u'(x)\mathrm{d}x$，易见 $\mathrm{d}f[u(x)] = f'[u(x)]\mathrm{d}u(x)$.

比较①与③的结果可以发现，③把①中的自变量 u 看成中间函数 $u(x)$. 像这样把自变量看成中间变量，而微分公式形式没有改变的性质称为一阶微分的形式不变性. 一阶微分的形式不变性在求导和求微分中很有用.

另外，可以得到如下的微分公式.

（1）$\mathrm{d}(u \pm v) = \mathrm{d}u \pm \mathrm{d}v$.

（2）$\mathrm{d}(u \cdot v) = v\mathrm{d}u + u\mathrm{d}v$.

（3）$\mathrm{d}\left(\dfrac{u}{v}\right) = \dfrac{v\mathrm{d}u - u\mathrm{d}v}{v^2}$.

【例 4】　求微分：① $y = \sin \sqrt{x}$；② $y = \ln(x^2 + 1)$；③ $y = \dfrac{1 + x^2}{1 - x^2}$.

解：① $dy = d\sin\sqrt{x} = \cos\sqrt{x}d\sqrt{x} = \dfrac{\cos\sqrt{x}}{2\sqrt{x}}dx$ ；

② $dy = d\ln(x^2+1) = \dfrac{1}{x^2+1}d(x^2+1) = \dfrac{2x}{x^2+1}dx$ ；

③ $dy = d\dfrac{1+x^2}{1-x^2}$

$\quad = \dfrac{(1-x^2)d(1+x^2)-(1+x^2)d(1-x^2)}{(1-x^2)^2}$

$\quad = \dfrac{(1-x^2)2xdx+(1+x^2)2xdx}{(1-x^2)^2}$

$\quad = \dfrac{4xdx}{(1-x^2)^2}$.

利用定理，还可以进行一些近似计算. 在进行近似计算前，应首先把定理中的公式详细写出来，即

$$f(x+\Delta x) - f(x) \approx f'(x)\Delta x ,$$
$$f(x+\Delta x) \approx f'(x)\Delta x + f(x) .$$

【例5】 求 $\sqrt{1.01}$ 的近似值.

解：令 $f(x) = \sqrt{x}$, $x=1$, $\Delta x = 0.01$,

又有 $f(x+\Delta x) \approx f'(x)\Delta x + f(x) = \dfrac{1}{2\sqrt{x}}\Delta x + \sqrt{x}$,

将 $x=1$, $\Delta x = 0.01$代入上式得 $\sqrt{1.01} \approx \dfrac{1}{2\sqrt{1}}0.01 + \sqrt{1} = 1.005$.

【例6】 求 $\sqrt[3]{65}$ 的近似值.

解：令 $f(x) = \sqrt[3]{x}$, $x=64$, $\Delta x = 1$, 则 $f'(x) = \dfrac{1}{3\sqrt[3]{x^2}}$,

又有 $f(x+\Delta x) \approx f'(x)\Delta x + f(x) = \dfrac{1}{3\sqrt[3]{x^2}}\Delta x + \sqrt[3]{x}$,

将 $x=64$, $\Delta x = 1$代入上式得 $\sqrt[3]{65} \approx \dfrac{1}{48} + 4 \approx 4.02$.

习题 2-1

1. 已知函数 $y=f(x)$ 在 $x=x_0$ 处可导，求证 $y=f(x)$ 在 $x=x_0$ 处连续.

2. 试用定义求函数 $y=x^3$ 在 $x=1$ 处的导数.

3. 求函数 $y=x^2$ 在 $x=-1$ 处的切线方程.

4. 求函数 $y=x^3$ 在 $x=0$ 处的切线方程.

5．已知函数 $f(x)=\begin{cases} x^2, & x>1, \\ ax+b, & x\leqslant 1 \end{cases}$ 在 $x=1$ 处可导，求 a，b 的值．

6．已知抛物线 $y^2=x$ 某切线的斜率为 1，求该切线方程．

7．已知抛体的位移（路程）方程为 $s(t)=v_0 t+\dfrac{1}{2}gt^2$，$g=9.8\text{m/s}^2$ 为重力加速度，求抛体任意时刻的速度 $v(t)$ 和加速度 $a(t)$．

8．求下列函数的导数．

（1）$y=x^3$．　　　　　　　　（2）$y=x^{1/3}$．

（3）$y=x\sqrt{x}$．　　　　　　（4）$y=\sqrt{x\sqrt{x}}$．

（5）$y=\dfrac{1}{x^2}$．　　　　　　（6）$y=\sqrt{x\sqrt{x\sqrt{x}}}$．

9．已知 $y=f(x)$ 在 $x=x_0$ 处可导，求 $\lim\limits_{h\to 0}\dfrac{f(x_0)-f(x_0+h)}{h}$．

10．已知 $y=f(x)$ 在 $x=x_0$ 处可导，求 $\lim\limits_{h\to 0}\dfrac{f(x_0+3h)-f(x_0-h)}{h}$．

11．设某工厂生产 x 件产品的成本函数为 $C(x)=2000+100x-0.1x^2$（元），试求生产 100 件产品时的边际成本．

习题 2-2

试求下列函数的导数．

（1）$y=\pi$．

（2）$y=\sqrt{2}+\ln 2+\dfrac{1}{\ln a}$，其中，$a$ 为常数．

（3）$y=\left(x+\dfrac{1}{x}\right)^2$．

（4）$y=\left(\dfrac{1}{2}\right)^x$．

（5）$y=(2^x+e^x)^2$．

（6）$y=a^x+x^a+\dfrac{x}{a}+\dfrac{a}{x}$ $(a>0)$．

（7）$y=\pi^2+\dfrac{e}{x}+x^2\ln a$ $(a>0)$．

（8）$r(\theta)=(2-\theta^2)\cos\theta+2\theta\sin\theta$．

（9）$y=(1-\sqrt{x})\left(1+\dfrac{1}{\sqrt{x}}\right)$．

（10） $y = ax^2 + bx + c$.

（11） $y = x^2(2 + \sqrt{x})$.

（12） $f(v) = (v+1)^2(v-1)$.

（13） $y = \sqrt{x}\cos x$.

（14） $\rho(\varphi) = \sqrt{\varphi}\sin\varphi$.

（15） $y = \dfrac{1}{-2 + x + x^2}$.

（16） $s = \dfrac{1 - \sec t}{1 + \sec t}$.

（17） $y = (2 + \sec t)\cot t$.

（18） $y = \dfrac{1 - \ln x}{1 + \ln x}$.

（19） $y = \dfrac{x^2\ln x}{1 + x\ln x}$.

（20） $y = \operatorname{arccot}\dfrac{1}{x}$.

（21） $y = \ln\sec x$.

（22） $y = \mathrm{e}^{\frac{1}{x}}$.

（23） $y = \arcsin\sqrt{x}$.

（24） $y = \tan^2 x$.

（25） $y = \sec\ln x$.

（26） $y = \cos kx$.

（27） $y = f(kx + b)$ ， y 可导.

（28） $y = \ln(-2x)$.

（29） $y = \sqrt{x^2 + 1}$.

（30） $y = \dfrac{\sin 2x}{x}$.

（31） $y = \sqrt{2x + 1}$.

（32） $y = \ln(\sec x + \tan x)$.

（33） $y = \ln\tan 3x$.

（34） $y = \sqrt{\ln^2 x + 1}$.

（35） $y = \operatorname{arc\,cot}\dfrac{1 - x}{1 + x}$.

（36） $y = \ln\ln\ln x$.

（37） $y = \arcsin\sqrt{\dfrac{1-x}{1+x}}$.

（38） $y = f(x^2)$ ，y 可导.

（39） $y = f[f(x)]$ ，y 可导.

（40） $y = \dfrac{\arcsin x}{\sqrt{1-x^2}}$.

（41） $y = x^2 \sin\dfrac{1}{x}$.

（42） $y = 2^{\frac{x}{\ln x}}$.

（43） $y = \ln(1 + x + \sqrt{2x + x^2})$.

（44） $y = \mathrm{e}^{2x} \cos 3x$.

（45） $y = \dfrac{\mathrm{e}^t - \mathrm{e}^{-t}}{\mathrm{e}^t + \mathrm{e}^{-t}}$.

（46） $y = \mathrm{e}^{-\tan^2\frac{1}{x}}$.

（47） $y = \mathrm{e}^{-x}(x^2 - 2x + 1)$.

（48） $y = \sin^2 x \cdot \sin x^2$.

（49） $y = \dfrac{\ln x}{x^n}$.

（50） $y = 2\sqrt{x + 2\sqrt{x}}$.

（51） $y = f(\sin^2 x) + f(\cos^2 x)$ ，y 可导.

（52） $y = f(\mathrm{e}^x) \cdot \mathrm{e}^{f(x)}$ ，y 可导.

（53） $y = \arcsin x + \arccos x$ ，证明该函数为常数函数.

（54） $y = \arctan x + \mathrm{arccot}\, x$ ，证明该函数为常数函数.

（55） $y = \arcsin\dfrac{2x}{1+x^2}$.

（56） $y = \sqrt{x + \sqrt{x + \sqrt{x}}}$.

习题 2-3

1．试求下列隐函数的导数.

（1） $y^2 = 2px,\ p > 0$.

（2） $x^2 + xy + y^2 = a^2$.

（3） $xy = \mathrm{e}^{x+y}$.

（4） $y^2 - 2xy + 4 = 0$.

（5）$y = 1 - x\mathrm{e}^y$.

（6）$\sqrt{x} + \sqrt{y} = R$，$R > 0$.

（7）$2x^2 - 4xy^2 + y^4 = 0$.

（8）$\pi\sin(x + y) = \mathrm{e}^y$.

（9）$\arctan\dfrac{y}{x} = \ln\sqrt{x^2 + y^2}$.

2．试求 $\dfrac{x^2}{16} + \dfrac{y^2}{9} = 2$ 在点 $(3, -4)$ 处的切线方程.

3．设 $y = \sin(x + y)$，求 y''.

4．试求下列函数的导数.

（1）$y = x^{\sin x}$.

（2）$y = x^{1/x}$.

（3）$y = \left(1 + \dfrac{1}{x}\right)^x$.

（4）$y = 2x^{\sqrt{x}}$.

（5）$y = \sqrt{\dfrac{3x - 2}{(5 - 2x)(x - 1)}}$.

（6）$y = \sqrt[3]{\dfrac{x(x^2 + 1)}{(x^2 - 1)}}$.

（7）$y = \dfrac{x^2\sqrt{x} + 2\mathrm{e}^x}{(3x + 2)^4}$.

5．试用对数求导法推导函数 $y = x^a$ 与 $y = a^x$ 的导数公式.

6．$y = x^4 + x^3 + x^2 + x + 1$，求 $y^{(n)}$.

7．$y = a^x$，求 $y^{(n)}$.

8．$y = \cos 2x$，求 $y^{(n)}$.

9．$y = \ln x$，求 $y^{(n)}$.

10．$y = x^3\ln x$，求 $y^{(4)}$.

11．$y = \arcsin x$，求 y''.

12．$y = \mathrm{e}^{-x^2}$，求 y''.

13．$y = \sin^2 x$，求 y''.

14．$y = \dfrac{2x}{1 + x^2}$，求 y''.

习题 2-4

1. 函数 $y = x^2 + 1$.

（1）在 $x = 1$ 处，$\Delta x = 0.01$，试计算 dy、Δy 和 $\Delta y - dy$.

（2）将点 x 处的微分 dy、增量 Δy 和 $\Delta y - dy$ 在函数图形上标出.

2. 填空.

（1）$d(\qquad) = 2xdx$.　　　　　　　（2）$d(\qquad) = \dfrac{1}{x}dx$.

（3）$d(\qquad) = \dfrac{1}{x^2}dx$.　　　　　（4）$d(\qquad) = e^{-x}dx$.

（5）$d(\qquad) = \sin 2xdx$.　　　（6）$d(\qquad) = \dfrac{dx}{2\sqrt{x}}$.

（7）$d(\qquad) = e^{x^2}dx^2 = (\qquad)dx$.

（8）$d(\sin x + \cos x) = d(\qquad) + d(\cos x) = (\qquad)dx$.

3. 求下列函数的微分.

（1）$y = x + \dfrac{1}{x}$.　　　　　　　　　（2）$y = \ln \arctan(-x)$.

（3）$y = x^3 \sin 5x$.　　　　　　　　（4）$y = \dfrac{x}{\sqrt{1-x^2}}$.

4. 求 $\sin 31°$ 的近似值.

5. 求 $\ln 1.01$ 的近似值.

6. 试证明，当 $|x|$ 很小时，$e^x \approx 1 + x$.

第三章 导数的应用

第一节 微分中值定理

定理 1（罗尔定理） 如果函数 $y = f(x)$ 在闭区间 $[a,b]$ 上连续，在开区间 (a,b) 内可导，并且满足条件 $f(a) = f(b)$，那么至少存在一点 $\xi \in (a,b)$，使 $f'(\xi) = 0$ 成立.

罗尔定理的几何意义：如果连续曲线除端点外，处处可导有切线，且两端点处的纵坐标相等，那么该曲线上至少有一条平行于 x 轴的切线（见图 3.1）.

定理 1 结论显然，这里不再给出证明. 根据罗尔定理可以得到下面的定理

定理 2（拉格朗日中值定理） 如果函数 $f(x)$ 在闭区间 $[a,b]$ 上连续，在开区间 (a,b) 内可导，那么至少存在一点 $\xi \in (a,b)$，使得 $\dfrac{f(b) - f(a)}{b - a} = f'(\xi)$ 或 $f(b) - f(a) = f'(\xi)(b - a)$.

拉格朗日中值定理的几何意义：如果连续曲线除端点外，处处可导有切线，那么该曲线上至少存在一点，在该点处曲线的切线平行于连接两端点的直线（见图 3.2）.

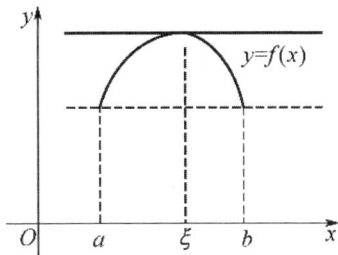

图 3.1

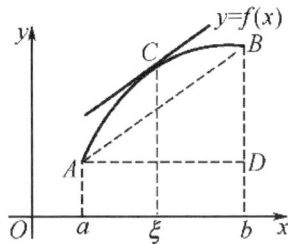

图 3.2

证明：令 $F(x) = f(x) - \dfrac{f(b) - f(a)}{b - a}(x - a)$，显然，$F(x)$ 在 $[a,b]$ 上连续，在 (a,b) 内可导，且 $F(a) = f(a)$，$F(b) = f(a)$，$F(a) = F(b)$，从而可知 $F(x)$ 满足罗尔定理的条件，根据罗尔定理，至少存在一点 $x \in (a,b)$，使 $F'(x) = 0$，即

$$f'(\xi) - \frac{f(b) - f(a)}{b - a} = 0,$$

整理得 $\dfrac{f(b) - f(a)}{b - a} = f'(\xi)$ 或 $f(b) - f(a) = f'(\xi)(b - a)$，证毕.

【例1】 已知函数 $f(x) = \sin x$，$x \in [0, \pi]$，讨论其是否满足罗尔定理，并求出使罗尔定理成立的 ξ.

解：显然，$f(x)$ 在 $x \in [0, \pi]$ 上连续，在开区间 $(0, \pi)$ 内可导，且 $f(0) = f(\pi)$，因此，$f(x)$ 满足罗尔定理条件.

$f'(x) = \cos x$，令 $f'(\xi) = 0$，解得 $\xi = \dfrac{\pi}{2}$.

【例2】 函数 $f(x) = x^3 - 3x$ 在区间 $[0, 2]$ 上是否满足拉格朗日中值定理的条件？如果满足，请写出其结论.

解：显然，$f(x)$ 在区间 $[0, 2]$ 上连续，在开区间 $(0, 2)$ 内可导，满足拉格朗日中值定理的条件，因而有等式：

$$\frac{f(2) - f(0)}{2 - 0} = f'(\xi).$$

又由于 $f(2) = 2$，$f(0) = 0$，$f'(x) = 3x^2 - 3$，代入上式可解得 $\xi = \dfrac{2}{\sqrt{3}}$，$\xi$ 在开区间 $(0, 2)$ 内.

推论1 设 $f(x)$ 在 $[a, b]$ 上连续，且在 (a, b) 内的导数恒为零，则在 $[a, b]$ 上 $f(x)$ 为常数.

证明：取 $x_0 \in [a, b]$，任取 $x \in [a, b]$，$x \neq x_0$，则 $\dfrac{f(x) - f(x_0)}{x - x_0} = f'(\xi)$，$\xi$ 介于 x_0 与 x 之间.

因为 $f'(x) \equiv 0$，所以 $f'(\xi) = 0$，即 $\dfrac{f(x) - f(x_0)}{x - x_0} = 0$，因此 $f(x) = f(x_0)$，即函数 $f(x)$ 为常数，证毕.

定理3（柯西中值定理） 若函数 $f(x)$ 和 $g(x)$ 在闭区间 $[a, b]$ 上连续，在开区间 (a, b) 内可导，且 $g'(x)$ 在 (a, b) 内恒不等于零，则至少存在一点 $\xi \in (a, b)$，满足

$$\frac{f(b) - f(a)}{g(b) - g(a)} = \frac{f'(\xi)}{g'(\xi)}.$$

证明：令 $H(x) = f(x) - \dfrac{f(b) - f(a)}{g(b) - g(a)} g(x)$，则 $H(x)$ 在闭区间 $[a, b]$ 上连续，在开区间 (a, b) 内可导，又

$$H(b) - H(a)$$
$$= f(b) - \frac{f(b) - f(a)}{g(b) - g(a)} g(b) - \left[f(a) - \frac{f(b) - f(a)}{g(b) - g(a)} g(a) \right]$$
$$= f(b) - f(a) - \frac{f(b) - f(a)}{g(b) - g(a)} [g(b) - g(a)] = 0.$$

根据罗尔定理，存在一点 $\xi \in (a,b)$，使 $H'(\xi) = 0$，即

$$f'(\xi) - \frac{f(b) - f(a)}{g(b) - g(a)} g'(\xi) = 0，$$

整理得

$$\frac{f(b) - f(a)}{g(b) - g(a)} = \frac{f'(\xi)}{g'(\xi)}，$$

定理 3 成立，证毕.

第二节　洛必达法则

定理 1（洛必达法则）　设函数 $f(x)$ 和 $g(x)$ 在 x_0 的附近某区间内可导，且当 $x \to x_0$ 时，$f(x)$ 和 $g(x)$ 的极限为 0（或 ∞），如果 $\frac{f'(x)}{g'(x)}$ 的极限存在，那么当 $x \to x_0$ 时，$\lim\limits_{x \to x_0} \frac{f(x)}{g(x)}$ 存在，并且有 $\lim\limits_{x \to x_0} \frac{f(x)}{g(x)} = \lim\limits_{x \to x_0} \frac{f'(x)}{g'(x)}$.

注意：本定理的含义很广，可以推广到很多情形，下面的情形都认为是本定理的情形.

（1）$x \to x_0$ 可改为七种极限的任意一种.

（2）当 $f(x)$ 和 $g(x)$ 的极限为 0 时，称为 $\frac{0}{0}$ 型极限，当极限为 ∞ 时，称为 $\frac{\infty}{\infty}$ 型极限.

（3）$\frac{f'(x)}{g'(x)}$ 的极限存在并包含极限为 ∞，$+\infty$，$-\infty$ 的情况.

（4）本定理可重复应用，即 $\lim\limits_{x \to x_0} \frac{f(x)}{g(x)} = \lim\limits_{x \to x_0} \frac{f'(x)}{g'(x)} = \lim\limits_{x \to x_0} \frac{f''(x)}{g''(x)}$，只要洛必达法则的条件仍满足，就可以一直用下去，直至求出极限.

【例 1】　求 $\lim\limits_{x \to 0} \dfrac{\ln(1+x)}{x}$.

解：易验证本例题满足洛必达法则的条件，因而有

$$\lim_{x \to 0} \frac{\ln(1+x)}{x} = \lim_{x \to 0} \frac{[\ln(1+x)]'}{(x)'}$$

$$= \lim_{x \to 0} \frac{1}{1+x} = 1.$$

【例 2】　求 $\lim\limits_{x \to 0} \dfrac{x - \sin x}{x^3}$.

解：易验证本例题满足洛必达法则的条件，因而有

$$\lim_{x \to 0} \frac{x - \sin x}{x^3} = \lim_{x \to 0} \frac{(x - \sin x)'}{(x^3)'}$$
$$= \lim_{x \to 0} \frac{1 - \cos x}{3x^2}$$
$$= \lim_{x \to 0} \frac{(1 - \cos x)'}{(3x^2)'}$$
$$= \lim_{x \to 0} \frac{\sin x}{6x}$$
$$= \frac{1}{6}.$$

【例 3】　求 $\lim\limits_{x \to 1} \dfrac{x^3 - 3x + 2}{x^3 - x^2 - x + 1}$.

解：本例题为 $\dfrac{0}{0}$ 型极限，由洛必达法则可得

$$\lim_{x \to 1} \frac{x^3 - 3x + 2}{x^3 - x^2 - x + 1} = \lim_{x \to 1} \frac{3x^2 - 3}{3x^2 - 2x - 1}$$
$$= \lim_{x \to 1} \frac{6x}{6x - 2} = \frac{3}{2}.$$

注意：$\lim\limits_{x \to 1} \dfrac{6x}{6x - 2}$ 已不是 $\dfrac{0}{0}$ 型极限，不能再使用洛必达法则，否则要得到错误的结果.

【例 4】　求 $\lim\limits_{x \to 1} \dfrac{\ln x}{(x-1)^2}$.

解：这是 $\dfrac{0}{0}$ 型极限，由洛必达法则可得

$$\lim_{x \to 1} \frac{\ln x}{(x-1)^2} = \lim_{x \to 1} \frac{1/x}{2(x-1)} = \lim_{x \to 1} \frac{1}{2x(x-1)} = \infty.$$

【例 5】　求 $\lim\limits_{x \to +\infty} \dfrac{\ln x}{x}$.

解：这是 $\dfrac{\infty}{\infty}$ 型极限，由洛必达法则可得

$$\lim_{x \to +\infty} \frac{\ln x}{x} = \lim_{x \to +\infty} \frac{\frac{1}{x}}{1} = 0.$$

【例 6】　求 $\lim\limits_{x \to 0^+} \dfrac{\ln \sin x}{\ln x}$.

解：$\lim\limits_{x \to 0^+} \dfrac{\ln \sin x}{\ln x} = \lim\limits_{x \to 0^+} \dfrac{\dfrac{\cos x}{\sin x}}{\dfrac{1}{x}} = \lim\limits_{x \to 0^+} \dfrac{x \cos x}{\sin x}$

$\qquad\qquad = \lim\limits_{x \to 0^+} \cos x \cdot \lim\limits_{x \to 0^+} \dfrac{x}{\sin x} = 1 .$

【例 7】 求 $\lim\limits_{x \to 0^+} x \ln x$.

解：$\lim\limits_{x \to 0^+} x \ln x = \lim\limits_{x \to 0^+} \dfrac{\ln x}{\dfrac{1}{x}} = \lim\limits_{x \to 0^+} \dfrac{\dfrac{1}{x}}{-\dfrac{1}{x^2}} = \lim\limits_{x \to 0^+} (-x) = 0 .$

【例 8】 求 $\lim\limits_{x \to 0} \left(\dfrac{1}{x} - \dfrac{1}{e^x - 1} \right)$.

解：这是一个 $\infty - \infty$ 型极限，先通分化成 $\dfrac{0}{0}$ 型极限，然后利用洛必达法则求解，即

$$\lim\limits_{x \to 0} \left(\dfrac{1}{x} - \dfrac{1}{e^x - 1} \right) = \lim\limits_{x \to 0} \dfrac{e^x - x - 1}{x(e^x - 1)}$$

$$= \lim\limits_{x \to 0} \dfrac{e^x - 1}{xe^x + e^x - 1}$$

$$= \lim\limits_{x \to 0} \dfrac{e^x}{2e^x + xe^x} = \dfrac{1}{2} .$$

【例 9】 计算 $\lim\limits_{x \to 0} \dfrac{a^x - b^x}{\ln(1+x)}$ （其中，$a > 0$，$a \neq 1$，$b > 0$，$b \neq 1$）.

解：$\lim\limits_{x \to 0} \dfrac{a^x - b^x}{\ln(1+x)} = \lim\limits_{x \to 0} \dfrac{(a^x - b^x)'}{[\ln(1+x)]'}$

$$\qquad\quad = \lim\limits_{x \to 0} \dfrac{a^x \ln a - b^x \ln b}{\dfrac{1}{1+x}}$$

$$\qquad\quad = \ln a - \ln b$$

$$\qquad\quad = \ln \dfrac{a}{b} .$$

【例 10】 计算 $\lim\limits_{x \to 0^+} x^x$.

解：$\lim\limits_{x \to 0^+} x^x = \lim\limits_{x \to 0^+} e^{x \ln x} = e^{\lim\limits_{x \to 0^+} x \ln x}$ ，

又 $\lim\limits_{x \to 0^+} x \ln x = \lim\limits_{x \to 0^+} \dfrac{\ln x}{\dfrac{1}{x}} = \lim\limits_{x \to 0^+} \dfrac{\dfrac{1}{x}}{-\dfrac{1}{x^2}} = 0$ ，

因而 $\lim\limits_{x \to 0^+} x^x = \mathrm{e}^{\lim\limits_{x \to 0^+} x \ln x} = 1$.

第三节　函数的单调性、极值与最值

导数的一个很重要的应用，可以用来研究函数的单调性，进而研究函数的极值与最值，本节通过导数来讨论这些问题.

一、函数的单调性

定理 1　设函数 $f(x)$ 在闭区间 $[a,b]$ 上连续，在开区间 (a,b) 内可导，则有以下结论.

（1）若对任意 $x \in (a,b)$ ， $f'(x) > 0$ ，则函数 $f(x)$ 在 $[a,b]$ 上严格单调递增.

（2）若对任意 $x \in (a,b)$ ， $f'(x) < 0$ ，则函数 $f(x)$ 在 $[a,b]$ 上严格单调递减.

证明：此处只证明结论（1），结论（2）同理可证.

任取 $x_1, x_2 \in [a,b]$ ，不妨设 $x_1 < x_2$ ，根据拉格朗日中值定理有

$$f(x_1) - f(x_2) = f'(\xi)(x_1 - x_2) \quad (x_1 < \xi < x_2),$$

由条件知 $f'(\xi) > 0$ ，可得

$$f(x_1) - f(x_2) = f'(\xi)(x_1 - x_2) < 0,$$

即

$$f(x_1) < f(x_2),$$

因而 $f(x)$ 在 $[a,b]$ 上严格单调递增，证毕.

注意：在本定理（1）中，若条件改为 $f'(x) \geq 0$ ，则结论中的严格单调递增改为单调递增，对于（2）也有同样的结论.

利用本定理可以判断一个函数的单调性，即先求出 $f'(x)$ ，再判断出 $f'(x)$ 在哪些区间上是正的，则函数 $f(x)$ 在此区间上单调递增，相反，在 $f'(x)$ 为负的区间上，函数 $f(x)$ 是单调递减的.

【例 1】　已知函数 $y = x^3 - 3x$ ，试判断函数的单调区间.

解： $y' = 3x^2 - 3 = 3(x+1)(x-1)$.

当 $x \in (-\infty, -1)$ 时， $y' > 0$ ，因而函数 y 在 $(-\infty, -1)$ 上单调递增.

当 $x \in [-1, 1)$ 时， $y' \leq 0$ ，因而函数 y 在 $[-1, 1)$ 上单调递减.

当 $x \in [1,+\infty)$ 时，$y' \geq 0$，因而函数 y 在 $[1,+\infty)$ 上单调递增.

【例 2】 已知函数 $y = \mathrm{e}^x - x$，试求函数的单调区间.

解：$y' = \mathrm{e}^x - 1$.

当 $x \in (-\infty, 0)$ 时，$y' < 0$，因而函数 y 在 $(-\infty, 0)$ 上单调递减.

当 $x \in [0,+\infty)$ 时，$y' \geq 0$，因而函数 y 在 $[0,+\infty)$ 上单调递增.

【例 3】 已知函数 $y = 3x^4 - 4x^3$，试求函数的单调区间.

解：$y' = 12x^3 - 12x^2 = 12x^2(x-1)$.

对导数的正负列表进行分析：

x	$(-\infty,0)$	$[0,1)$	$[1,+\infty)$
y'	$-$	$-$	$+$
y	$\searrow$	$\searrow$	$\nearrow$

当 $x \in (-\infty, 1)$ 时，$y' \leq 0$，因而函数 y 在 $(-\infty, 1)$ 上单调递减.

当 $x \in [1,+\infty)$ 时，$y' \geq 0$，因而函数 y 在 $[1,+\infty)$ 上单调递增.

注意：$x^2 \geq 0$，函数 y 在 $x = 0$ 左右并不会产生单调性的变化，在解题时这点要注意.

以后在碰到稍微复杂点的问题时，经常需要用导数的正负列表进行分析，这会给解题带来方便.

【例 4】 已知函数 $y = x^2 \mathrm{e}^{-2x}$，试求函数的单调区间.

解：$y' = 2x\mathrm{e}^{-2x} - 2x^2\mathrm{e}^{-2x} = 2x(1-x)\mathrm{e}^{-2x}$，其中，$\mathrm{e}^{-2x} > 0$，

对导数的正负列表进行分析：

x	$(-\infty,0)$	$[0,1)$	$[1,+\infty)$
y'	$-$	$+$	$-$
y	$\searrow$	$\nearrow$	$\searrow$

当 $x \in (-\infty, 0)$ 时，$y' < 0$，因而函数 y 在 $(-\infty, 0)$ 上单调递减.

当 $x \in [0,1)$ 时，$y' \geq 0$，因而函数 y 在 $[0,1)$ 上单调递增.

当 $x \in [1,+\infty)$ 时，$y' \leq 0$，因而函数 y 在 $[1,+\infty)$ 上单调递减.

二、函数的极值

在例 1 中，$x = \pm 1$ 是分界点，从图 3.3 中可以看出，当 $x = -1$ 时，函数 y 有局部最大值 2，但此值并非最大值. 事实上，该函数没有最大值，类似的情况，当 $x = 1$ 时，函数 y 有局部最小值 -2，这种局部的最大值或最小值称为极值.

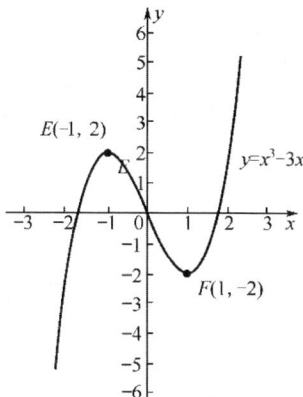

图 3.3

定义 1 设函数 $f(x)$ 在包含点 $x=x_0$ 的某个区间内有定义，如果对于该区间内任一点 x，都有 $f(x) \leqslant f(x_0)$，那么称 $x=x_0$ 时函数 $f(x)$ 有极大值，$f(x_0)$ 称为极大值.

定义 2 设函数 $f(x)$ 在包含点 $x=x_0$ 的某个区间内有定义，如果对于该区间内任一点 x，都有 $f(x) \geqslant f(x_0)$，那么称 $x=x_0$ 时函数 $f(x)$ 有极小值，$f(x_0)$ 称为极小值.

在例 1 中，当 $x=1$ 时，函数 y 有极小值 -2；当 $x=-1$ 时，函数 y 有极大值 2.

【例5】 试求例 4 中函数的极值.

解：由于当 $x<0$ 时，函数 y 单调递减，当 $0 \leqslant x < 1$ 时，函数 y 单调递增，因而当 $x=0$ 时，函数 y 有极小值 0；同理，当 $x=1$ 时，函数 y 有极大值 e^{-2}.

【例6】 已知函数 $y = x^4 - 4x^2 + 1$，试求函数的单调区间、极值.

解：$y' = 4x^3 - 8x = 4x(x+\sqrt{2})(x-\sqrt{2})$.

对导数的正负列表进行分析：

x	$(-\infty, -\sqrt{2})$	$-\sqrt{2}$	$(-\sqrt{2}, 0)$	0	$(0, \sqrt{2})$	$\sqrt{2}$	$(\sqrt{2}, +\infty)$
y'	$-$	0	$+$	0	$-$	0	$+$
y	↘	有极小值 -3	↗	有极大值 1	↘	有极小值 -3	↗

当 $x \in (-\infty, -\sqrt{2})$ 时，$y' < 0$，因而函数 y 在 $(-\infty, -\sqrt{2})$ 上单调递减.

当 $x \in [-\sqrt{2}, 0)$ 时，$y' \geqslant 0$，因而函数 y 在 $[-\sqrt{2}, 0)$ 上单调递增.

当 $x \in [0, \sqrt{2})$ 时，$y' \leqslant 0$，因而函数 y 在 $[0, \sqrt{2})$ 上单调递减.

当 $x \in [\sqrt{2}, +\infty)$ 时，$y' \geqslant 0$，因而函数 y 在 $[\sqrt{2}, +\infty)$ 上单调递增.

因此，当 $x = \sqrt{2}$ 或 $-\sqrt{2}$ 时，函数 y 有极小值 -3；当 $x=0$ 时，函数 y 有极大值 1.

定理 2（极值存在的必要条件） 设函数 $f(x)$ 在点 x_0 处可导，且在 x_0 处取得极值，则 $f'(x_0)=0$．方程 $f'(x)=0$ 的根称为函数 $f(x)$ 的驻点．

注意：①若一函数在极值点可导，则函数的极值点必定是它的驻点，但极值点不一定可导；②函数的驻点不一定是它的极值点．

例如，函数 $f(x)=x^3$ 中，$x=0$ 是函数的驻点，但不是极值点．函数 $f(x)=|x|$ 在 $x=0$ 处不可导，但 $f(0)=0$ 为其极小值．

综合上面讨论，有以下定理．

定理 3（极值存在的充分条件） 设函数 $f(x)$ 在点 x_0 附近的某区间内可导且满足条件 $f'(x_0)=0$．

（1）如果当 $x<x_0$ 时，有 $f'(x)>0$，而当 $x>x_0$ 时，有 $f'(x)<0$，那么函数 $f(x)$ 在点 x_0 处取得极大值．

（2）如果当 $x<x_0$ 时，有 $f'(x)<0$，而当 $x>x_0$ 时，有 $f'(x)>0$，那么函数 $f(x)$ 在点 x_0 处取得极小值．

（3）如果对 x 取 x_0 左右两侧邻近的值时，$f'(x)$ 不变号，即恒取正或恒取负，那么函数 $f(x)$ 在点 x_0 处没有极值．

另外，有以下定理，根据此定理，无须讨论 $f'(x)$ 的正负号．

定理 4（极值存在的充分条件） 设函数 $f(x)$ 在点 x_0 附近某区间内可导且 $f'(x_0)=0$．

（1）如果 $f''(x_0)>0$，那么函数 $f(x)$ 在点 x_0 处取得极小值．

（2）如果 $f''(x_0)<0$，那么函数 $f(x)$ 在点 x_0 处取得极大值．

（3）如果 $f''(x_0)=0$，那么无法判别函数 $f(x)$ 在点 x_0 处是否取得极值，需要由其他条件进一步判别．

【例 7】 已知函数 $y=x^3-x^2$，试求函数的极值．

解：$y'=3x^2-2x$，$y''=6x-2$，

        令 $y'=0$，得 $x=0$ 或 $x=\dfrac{2}{3}$，

        又 $y''(0)=-2<0$，$y''\left(\dfrac{2}{3}\right)=2>0$，

由定理 4 可知，$x=0$ 时函数 y 有极大值 0，$x=\dfrac{2}{3}$ 时函数 y 有极小值 $-\dfrac{4}{27}$．

利用前面的知识可以求函数的最大值与最小值．

三、最大值与最小值

对于一个闭区间上的连续函数，最大值有可能出现在端点或极值点上，而极值点又可能落在不可导的点或导数为 0 的驻点上，根据这些信息，要求闭区间上的最值，只要先找出可能的最值点，再比较这些可能的最值点的值就可以得到最值了．

【例8】 已知函数 $y = x + \sqrt{1-x}$，$x \in [-3,1]$，求函数的最大值与最小值.

解：$y' = 1 - \dfrac{1}{2\sqrt{1-x}}$，

令 $y' = 0$，即 $1 - \dfrac{1}{2\sqrt{1-x}} = 0$，

解得 $x = \dfrac{3}{4}$.

又 $y(-3) = -1$，$y(1) = 1$，$y\left(\dfrac{3}{4}\right) = \dfrac{5}{4}$，

因而 $y_{\max} = \max\left[y(-3), \ y\left(\dfrac{3}{4}\right), \ y(1)\right] = \dfrac{5}{4}$，

$y_{\min} = \min\left[y(-3), \ y\left(\dfrac{3}{4}\right), \ y(1)\right] = -1$.

其中，max 与 min 是最大值与最小值的函数.

【例9】 某厂每批生产一种商品 x 台的费用为 $C(x)=5x+200$（万元），获得的收入为 $R(x) = 10x - 0.01x^2$（万元）. 问：每批生产多少台商品才能使利润最大？

解：利润等于收入减去费用（成本），即
$$L(x)=R(x)-C(x)=10x - 0.01x^2 - 5x - 200，\quad x \in [0, \ +\infty)，$$
求导得
$$L'(x) = 5 - 0.02x，$$

令 $L'(x) = 0$，得唯一驻点 $x_0 = \dfrac{5}{0.02} = 250 \in [0, \ +\infty)$，

由题意分析可知，此时利润最大，最大利润为 $L(250) = 425$（万元）.

注意： 此例题最后最大值的分析还可用其他方法给出.

【例10】 某工厂要生产一批不锈钢有盖圆桶，容量为 20 升，设盖子厚度为底部的 1/3，而侧面的厚度与盖子厚度相同. 问：如何设计桶的形状，可以使生产桶的不锈钢用料最省？

解：不妨先设盖子的厚度为 1，侧面的厚度为 1，底部的厚度为 3，再设桶的底部半径为 a，高度为 h，则生产一只桶的用料为
$$s = \pi a^2 + 3\pi a^2 + 2\pi ah = 4\pi a^2 + 2\pi ah，$$
桶的体积为
$$\pi a^2 h = 20，$$
解得
$$h = \dfrac{20}{\pi a^2}，$$

代入 $s = 4\pi a^2 + 2\pi ah$ 得

$$s = \pi a^2 + 3\pi a^2 + 2\pi a \frac{20}{\pi a^2} = 4\pi a^2 + \frac{40}{a},$$

求导得

$$s' = 8\pi a - \frac{40}{a^2},$$

令 $s'=0$，得 $a = \sqrt[3]{\dfrac{5}{\pi}}$，代入 $h = \dfrac{20}{\pi a^2}$，得 $h = 4 \cdot \sqrt[3]{\dfrac{5}{\pi}}$，即当 $a = \sqrt[3]{\dfrac{5}{\pi}}$，$h = 4 \cdot \sqrt[3]{\dfrac{5}{\pi}}$ 时生产桶的不锈钢用料最省.

注意： 此时，桶底部直径与高的比为 $1:2$.

第四节　函数的凹向与拐点

定义 1　设函数 $y = f(x)$ 在某区间 I 内可导.

（1）如果 $f'(x)$ 在 I 内是单调递增的，那么称函数 $y = f(x)$ 的图像在 I 内是上凹的，通常把上凹简称为凹.

（2）如果 $f'(x)$ 在 I 内是单调递减的，那么称函数 $y = f(x)$ 的图像在 I 内是下凹的，通常把下凹简称为凸.

定义 2　设函数 $y = f(x)$ 在 I 内连续，则函数 $y = f(x)$ 在 I 内的上、下凹分界点称为函数 $y = f(x)$ 的拐点.

注意： 在平常生活中，我们没有仔细区分凹凸，实际上，凹凸是有方向的，凹口向上的称为上凹，即通常所说的凹，凹口向下的称为下凹，即通常所说的凸.

根据单调性的判别，要使 $f'(x)$ 在 I 内是单调递增的，只要在 I 内 $f'(x)$ 的导数大于 0 即可，即 $f''(x) > 0$，同理，使 $f'(x)$ 在 I 内是单调递减的，只要在 I 内满足 $f''(x) < 0$ 即可. 据此有凹向的等价定义.

定义 3（凹向的等价定义）　设函数 $y = f(x)$ 在某区间 I 内二阶可导.

（1）如果在 I 内 $y = f(x)$ 满足对任意 $x \in I$，有 $f''(x) > 0$，那么称函数 $y = f(x)$ 的图像在 I 内是上凹的.

（2）如果在 I 内 $y = f(x)$ 满足对任意 $x \in I$，有 $f''(x) < 0$，那么称函数 $y = f(x)$ 的图像在 I 内是下凹的.

【例 1】　讨论曲线 $y = 2x^3 - x^4$ 的凹向区间与拐点.

解： $y' = 6x^2 - 4x^3$，$y'' = 12x - 12x^2 = -12x(x-1)$.

为了更直观与方便，此处用列表进行如下分析：

x	$(-\infty,0)$	0	$[0,1)$	1	$[1,+\infty)$
y''	$-$	0	$+$	0	$-$
y	下凹	拐点(0,0)	上凹	拐点(1,1)	下凹

当 $x \in (-\infty,0)$ 时，$y'' < 0$，因而函数 y 在 $(-\infty,0)$ 内是下凹的.

当 $x \in [0,1)$ 时，$y'' \geq 0$，因而函数 y 在 $[0,1)$ 内是上凹的.

当 $x \in [1,+\infty)$ 时，$y'' \leq 0$，因而函数 y 在 $[1,+\infty)$ 内是下凹的.

上、下凹分界点处有两个拐点，坐标分别为(0,0)，(1,1).

【例2】　讨论函数 $y = x^3 - 6x^2 + 9x + 1$ 的凹向区间与拐点.

解：原函数的定义域为 $(-\infty,+\infty)$，$y' = 3x^2 - 12x + 9$，$y'' = 6x - 12$，令 $y'' = 0$，可得 $x = 2$.

当 $x \in (-\infty,2)$ 时，$y'' < 0$，函数 y 在此区间内是下凹的.

当 $x \in (2,+\infty)$ 时，$y'' > 0$，函数 y 在此区间内是上凹的.

$x = 2$ 为 y 的拐点，拐点坐标为(2,3).

【例3】　讨论函数 $y = \ln(1 + x^2)$ 的凹向区间与拐点.

解：$y' = \dfrac{2x}{1+x^2}$，

$$y'' = \left(\frac{2x}{1+x^2}\right)'$$

$$= \frac{2(1+x^2) - 2x \cdot 2x}{(1+x^2)^2}$$

$$= \frac{2(1-x^2)}{(1+x^2)^2}$$

$$= \frac{2(1-x)(1+x)}{(1+x^2)^2}.$$

令 $y'' = 0$，得 $x = -1$ 或 $x = 1$，用列表进行如下分析：

x	$(-\infty,-1)$	-1	$[-1,1)$	1	$[1,+\infty)$
y''	$-$	0	$+$	0	$-$
y	下凹	拐点(-1,ln2)	上凹	拐点(1,ln2)	下凹

当 $x \in (-\infty,-1)$ 时，$y'' < 0$，因而函数 y 在 $(-\infty,-1)$ 内是下凹的.

当 $x \in [-1,1)$ 时，$y'' \geq 0$，因而函数 y 在 $[-1,1)$ 内是上凹的.

当 $x \in [1,+\infty)$ 时，$y'' \leq 0$，因而函数 y 在 $[1,+\infty)$ 内是下凹的.

上、下凹分界点处有两个拐点，坐标分别为(-1,ln2)，(1,ln2).

第五节　函数图形的描绘

一、渐近线

在中学学过水平渐近线与垂直渐近线，此处给出斜渐近线的定义.

定义　对于函数 $y = f(x)$，若存在直线 $y = kx + b$，使得

$$\lim_{x \to +\infty}[f(x) - kx - b] = 0 \text{ 或 } \lim_{x \to -\infty}[f(x) - kx - b] = 0$$

成立，则称直线 $y = kx + b$ 为函数 $y = f(x)$ 的渐近线.

注意：此渐近线的定义包含了水平渐近线的定义.

目前共有三类渐近线：水平渐近线、垂直渐近线和斜渐近线. 任给一个函数表达式，如何判断渐近线的类型呢？对于垂直渐近线，有下面的定理.

定理　若函数 $y = f(x)$ 满足 $\lim_{x \to x_0^+} f(x) = \infty$ 或 $\lim_{x \to x_0^-} f(x) = \infty$，则 $x = x_0$ 为 $y = f(x)$ 的垂直渐近线.

【**例 1**】　判断函数 $y = \dfrac{1}{x(x-1)}$ 的渐近线.

解：由于 $\lim\limits_{x \to 0} \dfrac{1}{x(x-1)} = \infty$，$\lim\limits_{x \to 1} \dfrac{1}{x(x-1)} = \infty$，因而 $x = 0$ 与 $x = 1$ 是 $y = \dfrac{1}{x(x-1)}$ 的垂直渐近线. 由于 $\lim\limits_{x \to \infty} \dfrac{1}{x(x-1)} = 0$，因而 $y = 0$ 是 $y = \dfrac{1}{x(x-1)}$ 的水平渐近线.

综上所述，$y = \dfrac{1}{x(x-1)}$ 有三条渐近线：$x = 0$，$x = 1$，$y = 0$.

【**例 2**】　判断函数 $y = \mathrm{e}^{\frac{1}{x}}$ 的渐近线.

解：易得 $\lim\limits_{x \to 0^+} \mathrm{e}^{\frac{1}{x}} = +\infty$，$\lim\limits_{x \to 0^-} \mathrm{e}^{\frac{1}{x}} = 0$，$\lim\limits_{x \to \infty} \mathrm{e}^{\frac{1}{x}} = 1$，

因而 $y = \mathrm{e}^{\frac{1}{x}}$ 有两条渐近线：垂直渐近线 $x = 0$ 和水平渐近线 $y = 1$.

如何求函数 $y = f(x)$ 的斜渐近线呢？事实上，若 $\lim\limits_{x \to +\infty}[f(x) - kx - b] = 0$，则有

$$\lim_{x \to +\infty} \frac{[f(x) - kx - b]}{x} = 0,$$

化简并整理得

$$\lim_{x \to +\infty} \frac{f(x)}{x} = k,$$

将 k 代入 $\lim\limits_{x \to +\infty}[f(x) - kx - b] = 0$，得

$$b = \lim_{x \to +\infty} [f(x) - kx].$$

对于 $\lim_{x \to -\infty} [f(x) - kx - b] = 0$ 的情形类似可求.

【例3】 求 $y = x + \dfrac{1}{x}$ 的渐近线.

解：显然 $y = x + \dfrac{1}{x}$ 有垂直渐近线 $x = 0$.

由于 $\lim_{x \to \infty} \dfrac{x + \dfrac{1}{x}}{x} = 1$，$\lim_{x \to \infty} \left(x + \dfrac{1}{x} - x \right) = 0$，因而 $y = x + \dfrac{1}{x}$ 的斜渐近线为 $y = x$.

综上所述，$y = x + \dfrac{1}{x}$ 有两条渐近线：斜渐近线 $y = x$ 和垂直渐近线 $x = 0$.

二、描绘函数图形

以前都是用描点法做函数的图形，在学了导数后，利用导数的性质可以求出函数的单调性、极值、凹向、拐点和渐近线. 利用这些性质，对一个函数只需描少量的点就可以把函数图形很精确地描绘出来.

下面讲一下描绘函数图形的基本步骤.

（1）判断 $y = f(x)$ 的定义域，求出其间断点，并判断函数的周期性和对称性等函数的基本性质.

（2）求出 y'，并利用其求出函数的单调区间与极值.

（3）求出 y''，并利用其求出函数的凹向区间与拐点.

（4）求出 $y = f(x)$ 的渐近线.

（5）求出 $y = f(x)$ 与坐标轴的交点等特殊点.

（6）根据上面所讨论的函数的性质描绘函数图形.

注意： 最后一步是分区间进行的，区间主要由函数单调性和凹向决定，有时会加上间断点，每个区间都要先求出两端点的值再进行描绘，这里端点的值可以为正无穷，也可以为负无穷.

【例4】 已知函数 $y = x^3 - 3x$，试描绘函数图形.

解：可判断 $y = x^3 - 3x$ 的定义域为 **R**，奇函数，无间断点，无渐近线.

又 $y' = 3x^2 - 3 = 3(x+1)(x-1)$，

$y'' = 6x$，

令 $y' = 0$，得 $x = 1$ 或 $x = -1$，

令 $y'' = 0$，得 $x = 0$.

对函数单调性、极值、凹向与拐点列表：

x	$(-\infty,-1)$	-1	$(-1,0)$	0	$(0,1)$	1	$(1,+\infty)$
y'	+	0	−	−	−	0	+
y''	−	−	−	0	+	+	+
y	下凹递增	极大值 2	下凹递减	拐点(0,0)	上凹递减	极小值-2	上凹递增

由题意作图，如图 3.4 所示.

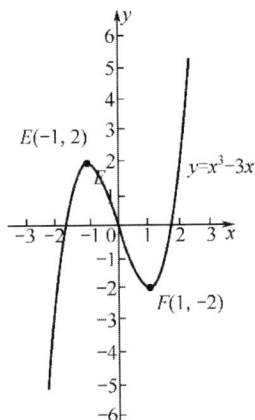

图 3.4

【例 5】 已知函数 $y=3x^4-4x^3$，试描绘函数图形.

解：可判断 $y=3x^4-4x^3$ 的定义域为 **R**，无间断点，无渐近线.

又 $y'=12x^2(x-1)$，

$$y''=36x^2-24x=36x\left(x-\frac{2}{3}\right),$$

令 $y'=0$，得 $x=0$ 或 $x=1$，

令 $y''=0$，得 $x=0$ 或 $x=\frac{2}{3}$，

对函数单调性、极值、凹向与拐点列表：

x	$(-\infty,0)$	0	$\left(0,\dfrac{2}{3}\right)$	$\dfrac{2}{3}$	$\left(\dfrac{2}{3},1\right)$	1	$(1,+\infty)$
y'	−	0	−	−	−	0	+
y''	+	0	−	0	+	+	+
y	上凹递减	拐点(0,0)	下凹递减	拐点$\left(\dfrac{2}{3},-\dfrac{16}{27}\right)$	上凹递减	极小值-1	上凹递增

又可知函数过原点，与 x 轴交点为 $x=0$ 或 $x=\dfrac{4}{3}$.

由题意作图，如图 3.5 所示.

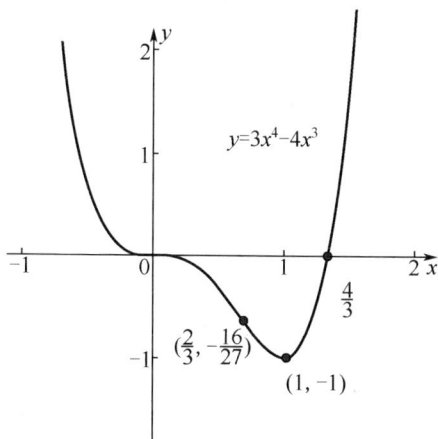

图 3.5

【例6】　已知函数 $y = x + \dfrac{1}{x}$，试描绘函数图形.

解：可判断 $y = x + \dfrac{1}{x}$ 的定义域为 $x \neq 0$，无间断点，有垂直渐近线 $x = 0$.

又 $\lim\limits_{x \to \infty} \dfrac{y}{x} = 1$，$\lim\limits_{x \to \infty}(y - x) = 0$，

即函数有斜渐近线 $y = x$.

又 $y' = 1 - \dfrac{1}{x^2} = \dfrac{1}{x^2}(x+1)(x-1)$，

$y'' = \dfrac{2}{x^3}$，

令 $y' = 0$，得 $x = -1$ 或 $x = 1$，

令 $y'' = 0$，得 x 无解.

对函数单调性、极值、凹向与拐点列表：

x	$(-\infty, -1)$	-1	$(-1, 0)$	$(0, 1)$	1	$[1, +\infty)$
y'	$+$	0	$-$	$-$	0	$+$
y''	$-$	$-$	$-$	$+$	$+$	$+$
y	下凹递增	极大值-2	下凹递减	上凹递减	极小值2	上凹递增

由题意作图，如图 3.6 所示.

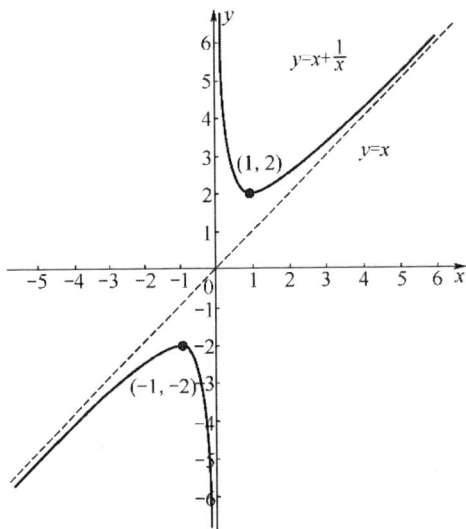

图 3.6

习题 3-1

1. 验证 $F(x) = \ln \sin x$ 在 $\left[\dfrac{\pi}{6}, \dfrac{5\pi}{6}\right]$ 上满足罗尔定理的条件，并在 $\left(\dfrac{\pi}{6}, \dfrac{5\pi}{6}\right)$ 内找出定理中使 $F'(\xi) = 0$ 的 ξ.

2. 验证 $F(x) = (x-1)(x-2)(x-3)$ 在 $[1,3]$ 上满足罗尔定理的条件，并在 $(1,3)$ 内找出定理中使 $F'(\xi) = 0$ 的 ξ.

3. 求证 $F(x) = \sqrt[3]{x^2}$ 在 $[-1,1]$ 上是否满足罗尔定理的条件，若满足，则在 $(-1,1)$ 内找出定理中使 $F'(\xi) = 0$ 的 ξ，若不满足，请说明理由.

4. 验证函数 $f(x) = x^2$ 在 $[0,1]$ 上满足拉格朗日中值定理的条件，并在区间 $(0,1)$ 内找出使 $f(b) - f(a) = f'(\xi)(b-a)$ 成立的 ξ.

5. 验证函数 $f(x) = \arctan x$ 在 $[0,1]$ 上满足拉格朗日中值定理的条件，并在区间 $(0,1)$ 内找出使 $f(b) - f(a) = f'(\xi)(b-a)$ 成立的 ξ.

6. 证明 $\arcsin x + \arccos x = \dfrac{\pi}{2}$.

7. 证明 $\arctan x + \operatorname{arccot} x = \dfrac{\pi}{2}$.

8. 证明 $|\arctan a - \operatorname{arccot} b| < |a - b|$.

9. 设 $a > b > 0$，证明 $\dfrac{a-b}{a} < \ln \dfrac{a}{b} < \dfrac{a-b}{b}$.

习题 3-2

1. 求 $\lim\limits_{x \to 0} \dfrac{\mathrm{e}^x - 1}{x}$.

2. 求 $\lim\limits_{x \to 0} \dfrac{\mathrm{e}^x - 1 - x}{x^2}$.

3. 求 $\lim\limits_{x \to 0} \dfrac{\mathrm{e}^x - 1 - x - \dfrac{x^2}{2}}{x^3}$.

4. 求 $\lim\limits_{x \to 0} \dfrac{\sin x - x}{x^3}$.

5. 求 $\lim\limits_{x \to 0} \dfrac{\sin x - x + \dfrac{x^3}{3!}}{x^5}$.

6. 求 $\lim\limits_{x \to \frac{\pi}{2}} \dfrac{x - \dfrac{\pi}{2}}{\tan x}$.

7. 求 $\lim\limits_{x \to a} \dfrac{x - a}{\sin x - \sin a}$.

8. 求 $\lim\limits_{x \to a} \dfrac{x^m - a^m}{x^n - a^n}$ （其中，$m > 0$, $n > 0$）.

9. 证明 $\lim\limits_{n \to \infty} \sqrt[n]{n} = 1$.

10. $\lim\limits_{x \to 1} \left(\dfrac{2}{x^2 - 1} - \dfrac{1}{x - 1} \right)$.

11. 求 $\lim\limits_{x \to +\infty} \dfrac{x^a}{b^x}$ （其中，$a > 0$, $b > 1$）.

12. 求 $\lim\limits_{x \to +\infty} \dfrac{x^a}{\ln x}$ （$a > 0$）.

13. 求 $\lim\limits_{x \to +\infty} (\sqrt[3]{x^3 + x^2 + x + 1} - x)$.

14. 验证 $\lim\limits_{x \to +\infty} \dfrac{x - \sin x}{x + \sin x} = 1$，并说明为什么不能用洛必达法则.

习题 3-3

1. 试判断下列说法是否正确.

（1）驻点一定是极值点.

（2）极值点一定是驻点.

（3）可导的极值点一定是驻点.

（4）若函数 $f(x)$ 在 $[a,b]$ 上严格单调递增，则对任意 $x \in (a,b)$， $f'(x) > 0$.

（5）若函数 $f(x)$ 与 $g(x)$ 在 $[a,b]$ 上满足对任意 $x \in (a,b)$， $f(x) > g(x)$，则对任意 $x \in (a,b)$，有 $f'(x) > g'(x)$.

（6）最大值一定是极大值，最小值一定是极小值.

（7）极大值一定是最大值，极小值一定是最小值.

2．试将第 1 题中不成立的题各举一个反例.

3．讨论 $y = ax^2 + bx + c$ （$a \neq 0$）的单调区间、极值.

4．讨论 $y = \sec x$ 的单调区间.

5．讨论 $y = \csc x$ 的单调区间.

6．已知 $y = x - e^x$，求 y 的单调区间、极值.

7．已知 $y = x + \sqrt{1-x}$，求 y 的单调区间、极值.

8．已知 $y = 2x + \dfrac{8}{x}$，求 y 的单调区间、极值.

9．已知 $y = x^3 - 3x^2 - 9x + 1$，求 y 的单调区间.

10．已知 $y = 2x^2 - \ln x$，求 y 的单调区间.

11．已知 $y = 2e^x + \dfrac{1}{e^x}$，求 y 的极值.

12．已知 $y = \ln(x + \sqrt{1 - x^2})$，求 y 的单调区间、极值.

13．已知 $f(x) = \dfrac{x^3}{3} - \dfrac{x^2}{2} - 2x + 1$，求 $f(x)$ 的单调区间、极值.

14．已知 $y = (x-1)(x+1)^3$，求 y 的单调区间、极值.

15．已知 $y = xe^{-x}$，求 y 的单调区间、极值.

16．已知 $y = x^2 e^{-x}$，求 y 的单调区间、极值.

17．已知 $y = \ln(1 + x^2)$，求 y 的单调区间、极值.

18．求下列函数在指定区间的最值.

（1） $y = x - \sqrt{x}$， $x \in [0,2]$.

（2） $y = 2x + \dfrac{8}{x}$， $x \in [1,4]$.

（3） $y = x + \dfrac{1}{x}$， $x \in [-4, -2]$.

（4） $y = x^3(x-1)$， $x \in [-1, 2]$.

19．试问：当体积一定时，圆柱体为什么形状时，表面积最小？

20．某工厂每天生产 x 支电子体温计的总成本为 $C(x) = \dfrac{x^2}{9} + x + 100$ （元），该产品独家经营，市场需求规律为 $x = 75 - 3P$，其中， P 为每支售价，问：每天生产多少支时获利润最大？此时每支的售价为多少？

21．已知某种产品的需求函数为 $P=10-\dfrac{Q}{5}$，成本函数为 $C=50+2Q$，求产量为多少时，利润 L 最大？求出最大利润．

22．设某产品的需求函数为 $Q=120-2P$，固定成本为 100 百元，多生产一个产品，成本增加 2 百元，且工厂自产自销，产销平衡，问如何定价才能使工厂获利最大？求出最大利润．

23．一房地产公司有 50 套房子需要出租，当房租定为 1000 元时，房子可全部出租，房租每增加 50 元，房子就多一套无法出租．房子每套每月要 100 元的维护（物业等）费用，试问：房租定为多少可获得最大收益？

24．试证明 $e^x \geqslant x+1$，等号当且仅当 $x=0$ 时成立．

25．证明 $x>\sin x$ （ $x>0$ ）．

26．证明 $1+\dfrac{x}{2}>\sqrt{1+x}$ （ $x>0$ ）．

27．证明 $x+\dfrac{x^3}{3}<\tan x$ （ $0<x<\dfrac{\pi}{2}$ ）．

28．证明 $2^x>x^2$ （ $x>4$ ）．

29．证明 $\sin x+\tan x>2x$ （ $0<x<\dfrac{\pi}{2}$ ）．

习题 3-4

1．试判断下列说法是否正确．

（1）拐点的二阶导数一定为零．

（2）二阶导数为零的点一定为拐点．

2．试求下列函数的凹向区间与拐点．

（1） $y=ax^2+bx+c$ （ $a\neq 0$ ）．

（2） $y=x^3-5x^2+3x+5$ ．

（3） $y=x+\dfrac{1}{x}$ ．

（4） $y=x^4$ ．

（5） $y=x^5$ ．

（6） $y=\dfrac{x}{1+x^2}$ ．

（7） $y=xe^{-x}$ ．

（8） $y=x^2 e^{-x}$ ．

（9） $y=x^4(12\ln x-7)$ ．

（10） $y = \mathrm{e}^{-\frac{x^2}{2}}$.

（11） $y = x + \dfrac{x}{x-1}$.

习题 3-5

1．试求下列函数的渐近线.

（1） $y = \sec x$.

（2） $y = \csc x$.

（3） $y = \arctan x$.

（4） $y = \operatorname{arccot} x$.

（5） $y = \dfrac{1}{x-1}$.

（6） $y = \dfrac{1}{x(x-3)}$.

2．试描绘下列函数图形.

（1） $y = \ln(x^2 + 1)$.

（2） $y = \dfrac{1}{x^2 + 1}$.

（3） $y = x(x+1)(x+2)$.

（4） $y = \dfrac{1}{(x-1)(x-2)}$.

（5） $y = \dfrac{4(x+1)}{x^2} - 2$.

第四章　不定积分

第二章和第三章研究的都是已知一个函数，求函数的导数或微分，并考虑其应用，从本章开始倒回来研究，即已知一个函数的导数或微分，求原来的函数，并考虑其应用. 本章主要学习不定积分和原函数的概念，以及各种求不定积分的方法.

第一节　不定积分的概念与性质

一、原函数与不定积分

在物理学中，经常已知一个物体任意时刻的瞬时速度 $v(t)$，求任意时刻物体经过的距离 $s(t)$（$s'(t) = v(t)$）；在经济学领域，已知某产品的边际成本 $C'(x)$，研究其总成本 $C(x)$；在数学中，有已知一个函数任意点切线的斜率 $f(x)$，求此函数 $F(x)$ 的应用. 前面所提的三个例子都有一个共同特点，即已知一个函数的导数，求原来的函数，这就是本节所要介绍的原函数.

定义 1　如果在区间 I 上 $F(x)$ 为连续函数，对任意 $x \in I$，都有 $F'(x) = f(x)$，那么函数 $F(x)$ 称为 $f(x)$ 在区间 I 上的原函数.

例如，因为 $(\sin x)' = \cos x$，所以 $\sin x$ 是 $\cos x$ 的原函数.

又如，当 $x \in (0, +\infty)$ 时，有 $(\sqrt{x})' = \dfrac{1}{2\sqrt{x}}$，因而 $\sqrt{x}$ 是 $\dfrac{1}{2\sqrt{x}}$ 的原函数.

思考：$\cos x$ 和 $\dfrac{1}{2\sqrt{x}}$ 还有其他原函数吗？

事实上，原函数不唯一，$\sin x + C$ 和 $\sqrt{x} + C$ 都是它们的原函数，这里 C 为任意常数.

原函数有以下性质.

性质　如果函数 $F(x)$ 是 $f(x)$ 的原函数，那么 $F(x) + C$ 也是 $f(x)$ 的原函数，这里 C 为任意常数.

【例 1】　试求 $\sin x$，x，x^n 的原函数.

解：根据导数的性质易得 $\sin x$，x，x^n 的原函数分别为 $-\cos x + C$，$\dfrac{x^2}{2} + C$，$\dfrac{x^{n+1}}{n+1} + C$.

任意函数的原函数有以下定理.

定理 1（原函数存在定理） 如果函数 $f(x)$ 在区间 I 上连续，那么在区间 I 上存在可导函数 $F(x)$，使对任意 $x \in I$，满足

$$F'(x) = f(x).$$

简单来说，连续函数一定有原函数. 本定理证明略.

现在思考一个问题，例 1 中除了所求的原函数，还有没有其他原函数呢？我们有下面的定理.

定理 2 如果在区间 I 上，$F(x)$ 为连续函数，且满足对任意 $x \in I$，都有 $F'(x) = 0$，那么 $F(x) \equiv C$.

证明（反证法）：假设 $F(x) \equiv C$ 不成立，则存在两点 x_1，$x_2 \in I$，使得 $F(x_1) \neq F(x_2)$，根据拉格朗日中值定理，存在 $\xi \in I$，满足

$$\frac{F(x_1) - F(x_2)}{x_1 - x_2} = F'(\xi).$$

由于 $F(x_1) \neq F(x_2)$，因而 $F'(\xi) \neq 0$，这与条件矛盾，因此假设不成立，本定理成立，证毕.

本定理说明 0 的原函数只能为常数.

利用定理 2 可得以下定理.

定理 3 如果在区间 I 上 $F(x)$ 与 $G(x)$ 均为连续函数，且满足对任意 $x \in I$，都有 $F'(x) = G'(x) = f(x)$，那么 $F(x) - G(x) \equiv C$.

证明：令 $F(x) - G(x) = H(x)$，则有 $H'(x) = 0$，因而 $H(x)$ 满足定理 2 的条件，根据定理 2，有 $F(x) - G(x) = H(x) \equiv C$，证毕.

两点说明：第一，如果函数 $f(x)$ 在区间 I 上有原函数 $F(x)$，那么函数 $f(x)$ 有无限多个原函数 $F(x) + C$，其中，C 是任意常数；第二，函数 $f(x)$ 的任意两个原函数之间只差一个常数，即如果 $F(x)$ 与 $G(x)$ 都是函数 $f(x)$ 的原函数，则有 $F(x) - G(x) = C$，其中，C 是某个常数.

定义 2 在区间 I 上，函数 $f(x)$ 的带有任意常数项的全体原函数 $F(x) + C$ 称为函数 $f(x)$ 在区间 I 上的不定积分，记作

$$\int f(x)\mathrm{d}x.$$

其中，记号 $\int$ 称为积分号；$f(x)$ 称为被积函数；x 称为积分变量.

根据定义，如果 $F(x)$ 是函数 $f(x)$ 在区间 I 上的一个原函数，那么全体原函数 $F(x) + C$ 是函数 $f(x)$ 的不定积分，即

$$\int f(x)\mathrm{d}x = F(x) + C.$$

例 1 中的原函数可以写成

$$\int \sin x \mathrm{d}x = -\cos x + C, \quad \int x \mathrm{d}x = \frac{x^2}{2} + C, \quad \int x^n \mathrm{d}x = \frac{x^{n+1}}{n+1} + C.$$

最后一个式子可以推广成

$$\int x^a \mathrm{d}x = \frac{x^{a+1}}{a+1} + C \quad (a \neq 0).$$

这是一个重要的积分公式. 定理 2 则可以写成 $\int 0\mathrm{d}x = C$.

【例 2】 求不定积分 $\int 1\mathrm{d}x$.

解：由于 $(x)' = 1$ ，因而有 $\int 1\mathrm{d}x = x + C$.

其中，$\int 1\mathrm{d}x$ 经常写成 $\int \mathrm{d}x$.

大家平时要注意 $\int 0\mathrm{d}x$ 与 $\int \mathrm{d}x$ 的区别.

【例 3】 求不定积分 $\int \dfrac{1}{x}\mathrm{d}x$.

解：当 $x > 0$ 时，$(\ln x)' = \dfrac{1}{x}$ ，

因此，$\int \dfrac{1}{x}\mathrm{d}x = \ln x + C$ （ $x > 0$ ）.

当 $x < 0$ 时，$[\ln(-x)]' = \dfrac{1}{-x} \cdot (-1) = \dfrac{1}{x}$ ，

因此，$\int \dfrac{1}{x}\mathrm{d}x = \ln(-x) + C$ （ $x < 0$ ）.

合并上面两式得

$$\int \frac{1}{x}\mathrm{d}x = \ln|x| + C \quad (x \neq 0).$$

二、不定积分的基本性质

由不定积分的定义有

$$\left[\int f(x)\mathrm{d}x\right]' = f(x) , \quad \int F'(x)\mathrm{d}x = F(x) + C .$$

事实上，前面函数的不定积分都是由导数公式得来的，根据导数公式可以得到不定积分公式，这些公式以后很常用，我们把它们总结成以下的不定积分基本公式.

（1）$\int k\mathrm{d}x = kx + C$ （ k 是常数）.

（2）$\int x^{\mu}\mathrm{d}x = \dfrac{1}{\mu+1}x^{\mu+1} + C$.

（3）$\int \dfrac{1}{x}\mathrm{d}x = \ln|x| + C$.

（4）$\int \mathrm{e}^x\mathrm{d}x = \mathrm{e}^x + C$.

（5）$\int a^x \mathrm{d}x = \dfrac{a^x}{\ln a} + C$.

（6）$\int \cos x \mathrm{d}x = \sin x + C$.

（7）$\int \sin x \mathrm{d}x = -\cos x + C$.

（8）$\int \dfrac{1}{\cos^2 x} \mathrm{d}x = \int \sec^2 x \mathrm{d}x = \tan x + C$.

（9）$\int \dfrac{1}{\sin^2 x} \mathrm{d}x = \int \csc^2 x \mathrm{d}x = -\cot x + C$.

（10）$\int \sec x \tan x \mathrm{d}x = \sec x + C$.

（11）$\int \csc x \cot \mathrm{d}x = -\csc x + C$.

（12）$\int \dfrac{1}{1+x^2} \mathrm{d}x = \arctan x + C$.

（13）$\int \dfrac{1}{\sqrt{1-x^2}} \mathrm{d}x = \arcsin x + C$.

$\int x^{\mu} \mathrm{d}x = \dfrac{1}{\mu+1} x^{\mu+1} + C$ 有很多常用的积分情况.

（1）$\int 1 \mathrm{d}x = x + C$.

（2）$\int x \mathrm{d}x = \dfrac{1}{2} x^2 + C$.

（3）$\int x^n \mathrm{d}x = \dfrac{1}{n+1} x^{n+1} + C$ （n 为正整数）.

（4）$\int \dfrac{1}{x^2} \mathrm{d}x = -\dfrac{1}{x} + C$.

（5）$\int \dfrac{1}{\sqrt{x}} \mathrm{d}x = 2\sqrt{x} + C$.

【例 4】 求不定积分 $\int \dfrac{1}{x^3} \mathrm{d}x$.

解：$\int \dfrac{1}{x^3} \mathrm{d}x = \int x^{-3} \mathrm{d}x = \dfrac{1}{-3+1} x^{-3+1} + C$

$\qquad = -\dfrac{1}{2x^2} + C$.

【例 5】 求不定积分 $\int x^2 \sqrt{x} \mathrm{d}x$.

解：$\int x^2 \sqrt{x} \mathrm{d}x = \int x^{\frac{5}{2}} \mathrm{d}x = \dfrac{1}{\frac{5}{2}+1} x^{\frac{5}{2}+1} + C$

$$= \frac{2}{7}x^{\frac{7}{2}} + C = \frac{2}{7}x^3\sqrt{x} + C.$$

【例6】　求不定积分 $\int \dfrac{dx}{x\sqrt[3]{x}}$.

解：$\int \dfrac{dx}{x\sqrt[3]{x}} = \int x^{-\frac{4}{3}}dx = \dfrac{x^{-\frac{4}{3}+1}}{-\frac{4}{3}+1} + C$

$$= -3x^{-\frac{1}{3}} + C = -\frac{3}{\sqrt[3]{x}} + C.$$

【例7】　求不定积分 $\int 2^x 3^x dx$.

解：$\int 2^x 3^x dx = \int (2\cdot 3)^x dx = \int 6^x dx = \dfrac{6^x}{\ln 6} + C.$

三、不定积分的计算性质

不定积分有以下计算性质.

性质1　函数和的不定积分等于各函数不定积分的和，即
$$\int [f(x) + g(x)]dx = \int f(x)dx + \int g(x)dx,$$
这是因为
$$[\int f(x)dx + \int g(x)dx]' = [\int f(x)dx]' + [\int g(x)dx]' = f(x) + g(x).$$

性质2　在求不定积分时，被积函数中不为零的常数可以提到积分号外面，即
$$\int kf(x)dx = k\int f(x)dx \quad (k \text{ 是常数，} k\neq 0),$$
这是因为
$$[\int kf(x)dx]' = kf(x) = [k\int f(x)dx]'.$$

【例8】　求不定积分 $\int \dfrac{(x-1)^3}{x^2}dx$.

解：$\int \dfrac{(x-1)^3}{x^2}dx = \int \dfrac{x^3 - 3x^2 + 3x - 1}{x^2}dx = \int \left(x - 3 + \dfrac{3}{x} - \dfrac{1}{x^2}\right)dx$

$$= \int xdx - 3\int dx + 3\int \frac{1}{x}dx - \int \frac{1}{x^2}dx$$

$$= \frac{1}{2}x^2 - 3x + 3\ln|x| + \frac{1}{x} + C.$$

【例9】　求不定积分 $\int (e^x - 3\cos x)dx$.

解：$\int (e^x - 3\cos x)dx = \int e^x dx - 3\int \cos x dx$

$$= e^x - 3\sin x + C.$$

【例 10】 求不定积分 $\int \dfrac{1+x+x^2}{x(1+x^2)} dx$.

解：$\int \dfrac{1+x+x^2}{x(1+x^2)} dx = \int \dfrac{x+(1+x^2)}{x(1+x^2)} dx$

$\qquad = \int \left(\dfrac{1}{1+x^2} + \dfrac{1}{x} \right) dx = \int \dfrac{1}{1+x^2} dx + \int \dfrac{1}{x} dx$

$\qquad = \arctan x + \ln |x| + C$.

【例 11】 求不定积分 $\int \dfrac{x^4}{1+x^2} dx$.

解：$\int \dfrac{x^4}{1+x^2} dx = \int \dfrac{x^4 - 1 + 1}{1+x^2} dx = \int \dfrac{(x^2+1)(x^2-1)+1}{1+x^2} dx$

$\qquad = \int \left(x^2 - 1 + \dfrac{1}{1+x^2} \right) dx = \int x^2 dx - \int dx + \int \dfrac{1}{1+x^2} dx$

$\qquad = \dfrac{1}{3} x^3 - x + \arctan x + C$.

【例 12】 求不定积分 $\int \tan^2 x dx$.

解：$\int \tan^2 x dx = \int (\sec^2 x - 1) dx = \int \sec^2 x dx - \int dx$

$\qquad = \tan x - x + C$.

【例 13】 求不定积分 $\int \sin^2 \dfrac{x}{2} dx$.

解：$\int \sin^2 \dfrac{x}{2} dx = \int \dfrac{1-\cos x}{2} dx = \dfrac{1}{2} \int (1 - \cos x) dx$

$\qquad = \dfrac{1}{2} (x - \sin x) + C$.

【例 14】 求不定积分 $\int \dfrac{1}{\sin^2 \dfrac{x}{2} \cos^2 \dfrac{x}{2}} dx$.

解：$\int \dfrac{1}{\sin^2 \dfrac{x}{2} \cos^2 \dfrac{x}{2}} dx = 4 \int \dfrac{1}{\sin^2 x} dx = -4 \cot x + C$.

第二节　凑微分法

求一个函数的不定积分，除了有不定积分基本公式，还可以通过其他手段与方法来求一个函数的不定积分，主要有凑微分法（积分第一换元法）、积分第二换元法和分部积分法，本节主要讨论用凑微分法来进行积分运算.

一、凑微分法的公式

【例1】 求 $\int (x+1)^3 \, \mathrm{d}x$.

解：由于 $\int x^3 \, \mathrm{d}x = \dfrac{x^4}{4} + C$，

因而比照上面的公式可得 $\int (x+1)^3 \, \mathrm{d}x = \dfrac{(x+1)^4}{4} + C$.

本题也可用其他方法解出，但这个方法很有意思，事实上，这个方法包含了一种叫"凑微分"的方法.

考虑到微分公式 $\mathrm{d}x = \mathrm{d}(x+1)$，有

$$\int (x+1)^3 \, \mathrm{d}x = \int (x+1)^3 \, \mathrm{d}(x+1) \overset{t=x+1}{=\!=\!=} \int t^3 \mathrm{d}t$$

$$= \frac{t^4}{4} + C = \frac{(x+1)^4}{4} + C.$$

上面的方法称为积分第一换元法，也称为凑微分法.

定理1（凑微分法，积分第一换元法）设 $\int f(x)\mathrm{d}x = F(x) + C$，$u = \varphi(x)$，则有

$$\int f[\varphi(x)]\varphi'(x)\mathrm{d}x = F[\varphi(x)] + C.$$

证明：由于 $(F[\varphi(x)] + C)' = f[\varphi(x)]\varphi'(x) = \{\int [f(\varphi(x))\varphi'(x)\mathrm{d}x\}'$，

因而定理1成立，证毕.

【例2】 求不定积分 $\int \sqrt{x-1}\mathrm{d}x$.

解：$\int \sqrt{x-1}\mathrm{d}x = \int \sqrt{x-1}\mathrm{d}(x-1)$

$$\overset{t=x-1}{=\!=\!=} \int \sqrt{t}\mathrm{d}t = \frac{2}{3}t^{\frac{3}{2}} + C$$

$$= \frac{2}{3}(x+1)^{\frac{3}{2}} + C.$$

在熟悉与熟练后，中间第二步换元可以省略，从而使换元法成为凑微分法.

【例3】 求不定积分 $\int \dfrac{1}{x-2}\mathrm{d}x$.

解：$\int \dfrac{1}{x-2}\mathrm{d}x = \int \dfrac{1}{x-2}\mathrm{d}(x-2)$

$$= \ln|x-2| + C.$$

此处省略了中间换元的步骤.

二、各类凑微分公式

1. $dx = \dfrac{1}{a}d(ax+b)$

由前面的微分知识可知，有凑微分公式 $d(ax+b) = adx$，这里 a，b 为常数. 该公式可以变形为 $dx = \dfrac{1}{a}d(ax+b)$.

该凑微分公式与其两种特殊公式 $dx = \dfrac{1}{a}d(ax)$ 和 $dx = d(x+c)$ 是不定积分中用得最多的，也是最平常的一种积分手段.

【例4】 求不定积分 $\displaystyle\int \cos 2x dx$.

解：$\displaystyle\int \cos 2x dx = \dfrac{1}{2}\int \cos 2x d2x$

$\qquad\qquad\qquad = \dfrac{1}{2}\sin 2x + C$.

【例5】 求不定积分 $\displaystyle\int \dfrac{1}{3+2x}dx$.

解：$\displaystyle\int \dfrac{1}{3+2x}dx = \dfrac{1}{2}\int \dfrac{1}{3+2x}d(3+2x)$

$\qquad\qquad\qquad = \dfrac{1}{2}\ln|3+2x| + C$.

【例6】 求不定积分 $\displaystyle\int \dfrac{1}{x^2-1}dx$.

解：$\displaystyle\int \dfrac{1}{x^2-1}dx = \int \dfrac{1}{(x+1)(x-1)}dx$

$\qquad\qquad\qquad = \dfrac{1}{2}\int \left(\dfrac{1}{x-1} - \dfrac{1}{x+1}\right)dx$

$\qquad\qquad\qquad = \dfrac{1}{2}\int \dfrac{1}{x-1}dx - \dfrac{1}{2}\int \dfrac{1}{x+1}dx$

$\qquad\qquad\qquad = \dfrac{1}{2}\int \dfrac{1}{x-1}d(x-1) - \dfrac{1}{2}\int \dfrac{1}{x+1}d(x+1)$

$\qquad\qquad\qquad = \dfrac{1}{2}\ln\left|\dfrac{x-1}{x+1}\right| + C$.

【例7】 求不定积分 $\displaystyle\int \dfrac{1}{\sqrt{a^2-x^2}}dx$.

解：当 $a>0$ 时，有

$$\int \frac{1}{\sqrt{a^2 - x^2}} dx = \frac{1}{a} \int \frac{1}{\sqrt{1 - \left(\frac{x}{a}\right)^2}} dx = \int \frac{1}{\sqrt{1 - \left(\frac{x}{a}\right)^2}} d\frac{x}{a} = \arcsin \frac{x}{a} + C,$$

即 $\displaystyle\int \frac{1}{\sqrt{a^2 - x^2}} dx = \arcsin \frac{x}{a} + C$.

2. $x dx = \dfrac{1}{2} dx^2$，$x^\mu dx = \dfrac{1}{\mu + 1} dx^{\mu + 1}$

利用这两个公式也能解决一类函数的积分问题.

【例8】　求不定积分 $\displaystyle\int x e^{x^2} dx$.

解：由 $x dx = \dfrac{1}{2} dx^2$ 得

$$\int x e^{x^2} dx = \frac{1}{2} \int e^{x^2} dx^2$$

$$= \frac{1}{2} e^{x^2} + C.$$

【例9】　求不定积分 $\displaystyle\int x^4 (1 + x^5) dx$.

解：$\displaystyle\int x^4 (1 + x^5) dx = \frac{1}{5} \int (1 + x^5) dx^5$

$$= \frac{1}{5} \int (1 + x^5) d(x^5 + 1)$$

$$= \frac{1}{10} (x^5 + 1)^2 + C.$$

本类公式还包含了其他几个常用公式，如 $x^2 dx = \dfrac{1}{3} d(x^3)$，$\dfrac{1}{x^2} dx = -d\left(\dfrac{1}{x}\right)$，

$\dfrac{1}{\sqrt{x}} dx = 2 d\sqrt{x}$ 等.

3. 其他凑微分公式

此处把其他凑微分公式与之前的凑微分公式总结在一起，方便大家查阅.

（1）$dx = \dfrac{1}{a} d(ax + b)$.

（2）$x^\mu dx = \dfrac{1}{\mu + 1} dx^{\mu + 1}$.

（3）$\dfrac{1}{x} dx = d\ln x$（$x > 0$）.

（4）$e^x dx = de^x$，$e^{-x} dx = -de^{-x}$.

（5）$\sin x dx = -d\cos x$.

（6）$\cos x \mathrm{d}x = \mathrm{d}\sin x$.

（7）$\sec^2 x \mathrm{d}x = \mathrm{d}\tan x$.

（8）$\csc^2 x \mathrm{d}x = -\mathrm{d}\cot x$.

（9）$\sec x \tan x \mathrm{d}x = \mathrm{d}\sec x$.

（10）$\csc x \cot x \mathrm{d}x = -\mathrm{d}\csc x$.

（11）$\dfrac{1}{\sqrt{1-x^2}}\mathrm{d}x = \mathrm{d}\arcsin x$.

（12）$\dfrac{1}{1+x^2}\mathrm{d}x = \mathrm{d}\arctan x$.

【例 10】 求不定积分 $\int \tan x \mathrm{d}x$.

解：$\displaystyle\int \tan x \mathrm{d}x = \int \frac{\sin x}{\cos x}\mathrm{d}x = -\int \frac{1}{\cos x}\mathrm{d}\cos x$

$$= -\ln|\cos x| + C,$$

即 $\displaystyle\int \tan x \mathrm{d}x = -\ln|\cos x| + C$.

类似地，可得 $\displaystyle\int \cot x \mathrm{d}x = \ln|\sin x| + C$.

【例 11】 求 $\int \sec x \mathrm{d}x$.

解：方法一：$\displaystyle\int \sec x \mathrm{d}x = \int \frac{1}{\cos x}\mathrm{d}x = \int \frac{\cos x}{\cos^2 x}\mathrm{d}x$

$$= \int \frac{1}{1-\sin^2 x}\mathrm{d}\sin x \overset{\sin x = t}{=} \int \frac{1}{1-t^2}\mathrm{d}t$$

$$= \frac{1}{2}\int\left(\frac{1}{1-t}+\frac{1}{1+t}\right)\mathrm{d}t = \frac{1}{2}\ln\left|\frac{t+1}{t-1}\right| + C$$

$$= \frac{1}{2}\ln\frac{1+\sin x}{1-\sin x} + C.$$

方法二：$\displaystyle\int \sec x \mathrm{d}x = \int \frac{\sec x(\sec x + \tan x)}{\sec x + \tan x}\mathrm{d}x$

$$= \int \frac{\sec^2 x + \sec x \tan x}{\sec x + \tan x}\mathrm{d}x$$

$$= \int \frac{1}{\sec x + \tan x}\mathrm{d}(\sec x + \tan x)$$

$$= \ln|\sec x + \tan x| + C.$$

【例 12】 求不定积分 $\int \sin^2 x \mathrm{d}x$.

解：$\displaystyle\int \sin^2 x \mathrm{d}x = \int \frac{1-\cos 2x}{2}\mathrm{d}x$

$$= \int \frac{1}{2}\mathrm{d}x - \int \frac{\cos 2x}{2}\mathrm{d}x$$

$$= \frac{x}{2} - \frac{\sin 2x}{4} + C.$$

【例 13】 求不定积分 $\int \sin^3 x \, dx$.

解: $\int \sin^3 x \, dx = \int \sin^2 x \sin x \, dx$

$$= -\int (1 - \cos^2 x) d\cos x$$

$$= -\cos x + \frac{\cos^3 x}{3} + C.$$

【例 14】 求不定积分 $\int \frac{e^x}{e^x + 1} dx$.

解: $\int \frac{e^x}{e^x + 1} dx = \int \frac{1}{e^x + 1} de^x$

$$= \int \frac{1}{e^x + 1} d(e^x + 1)$$

$$= \ln(e^x + 1) + C.$$

【例 15】 求不定积分 $\int \frac{1}{x^2 + x + 1} dx$.

解:

$$\int \frac{1}{x^2 + x + 1} dx = \int \frac{1}{\left(x + \frac{1}{2}\right)^2 + \left(\frac{\sqrt{3}}{2}\right)^2} dx$$

$$= \int \frac{1}{\left(x + \frac{1}{2}\right)^2 + \left(\frac{\sqrt{3}}{2}\right)^2} d\left(x + \frac{1}{2}\right)$$

$$= \frac{2}{\sqrt{3}} \int \frac{1}{\left[\frac{2}{\sqrt{3}}\left(x + \frac{1}{2}\right)\right]^2 + 1} d\left[\frac{2}{\sqrt{3}}\left(x + \frac{1}{2}\right)\right]$$

$$= \frac{2}{\sqrt{3}} \arctan \frac{2}{\sqrt{3}}\left(x + \frac{1}{2}\right) + C.$$

第三节 积分第二换元法

第二节主要讨论了使用凑微分法对函数进行积分,本节讨论直接用换元法对函数进行积分,即积分第二换元法.

定理(积分第二换元法) 已知函数 $f(x)$ 连续,设 $x = \varphi(t)$ 是单调函数,且 $\varphi'(t)$ 连续,若已知 $\int f(x)dx = F(x) + C$,则有 $\int f[\varphi(t)]\varphi'(t)dt = F[\varphi(t)] + C$.

证明：由不定积分的性质有

$$\left\{\int f[\varphi(t)]\varphi'(t)\mathrm{d}t\right\}' = f[\varphi(t)]\varphi'(t),$$

又由复合函数和反函数的求导法则有

$$\{F[\varphi(t)] + C\}' = f[\varphi(t)]\varphi'(t),$$

因而 $\int f[\varphi(t)]\varphi'(t)\mathrm{d}t = F[\varphi(t)] + C$，证毕.

积分第二换元法常用于被积函数有根式的情况.

一、被积函数形如 $f(\sqrt[n]{ax+b}, x)$

【例1】 求 $\int \dfrac{\mathrm{d}x}{1+\sqrt{x}}$.

解：令 $t = \sqrt{x}$，则 $x = t^2$，$\mathrm{d}x = 2t\mathrm{d}t$，因此有

$$\int \frac{\mathrm{d}x}{1+\sqrt{x}} = \int \frac{2t}{1+t}\mathrm{d}t = 2t - 2\ln(1+t) + C = 2\sqrt{x} - 2\ln(1+\sqrt{x}) + C.$$

注意：换元 $t = \sqrt{x}$ 的目的在于先将被积函数中的无理式转换成有理式，然后进行积分.

【例2】 求下列积分 $\int \dfrac{\mathrm{d}x}{1+\sqrt{2x-1}}$.

解：设 $t = \sqrt{2x-1}$，则 $x = \dfrac{t^2+1}{2}$，$\mathrm{d}x = t\mathrm{d}t$，代入原式有

$$\int \frac{\mathrm{d}x}{1+\sqrt{2x-1}} = \int \frac{t}{1+t}\mathrm{d}t = t - \ln(1+t) + C$$

$$= \sqrt{2x-1} - \ln(1+\sqrt{2x-1}) + C.$$

【例3】 求下列积分 $\int \dfrac{1}{1+\sqrt[3]{3x+1}}\mathrm{d}x$.

解：设 $t = \sqrt[3]{3x+1}$，则 $x = \dfrac{t^3-1}{3}$，$\mathrm{d}x = t^2\mathrm{d}t$，代入原式有

$$\int \frac{1}{1+\sqrt[3]{3x+1}}\mathrm{d}x = \int \frac{t^2}{1+t}\mathrm{d}t = \int \frac{t^2-1+1}{1+t}\mathrm{d}t$$

$$= \int \left(t - 1 + \frac{1}{1+t}\right)\mathrm{d}t = \frac{1}{2}t^2 - t + \ln|1+t| + C$$

$$= \sqrt[3]{(3x+1)^2} - \sqrt[3]{3x+1} + \ln|1+\sqrt[3]{3x+1}| + C.$$

二、三角换元法

有很多带根号的积分可以先通过三角换元法去掉根号，再进行积分运算，具体方法为：当被积函数形如 $f(\sqrt{a^2-x^2}, x)$ 时，令 $x = \sin t$；当被积函数形如

$f(\sqrt{a^2 + x^2}, x)$ 时，令 $x = \tan t$；当被积函数形如 $f(\sqrt{x^2 - a^2}, x)$ 时，令 $x = \sec t$.

【例 4】 求不定积分 $\displaystyle\int \frac{x}{\sqrt{1 - x^2}}\mathrm{d}x$.

解：方法一：$\displaystyle\int \frac{x}{\sqrt{1 - x^2}}\mathrm{d}x \overset{x = \sin t}{=} \int \frac{\cos t \cdot \sin t}{\cos t}\mathrm{d}t$

$$= \int \sin t\,\mathrm{d}t = -\cos t + C = -\sqrt{1 - x^2} + C.$$

注意：本题也可以由凑微分法得出，方法如下.

方法二：$\displaystyle\int \frac{x}{\sqrt{1 - x^2}}\mathrm{d}x = \frac{1}{2}\int \frac{1}{\sqrt{1 - x^2}}\mathrm{d}x^2$

$$= \frac{-1}{2}\int \frac{1}{\sqrt{1 - x^2}}\mathrm{d}(1 - x^2) = -\sqrt{1 - x^2} + C.$$

【例 5】 求不定积分 $\displaystyle\int \frac{1}{x\sqrt{x^2 - 1}}\mathrm{d}x$.

解：方法一：$\displaystyle\int \frac{1}{x\sqrt{x^2 - 1}}\mathrm{d}x \overset{x = \sec t}{=} \int \frac{\sec t \tan t}{\sec t \tan t}\mathrm{d}t = t + C = -\arcsin\frac{1}{x} + C.$

注意：本题也可以由凑微分法得出，方法如下.

方法二：$\displaystyle\int \frac{1}{x\sqrt{x^2 - 1}}\mathrm{d}x = \int \frac{1}{x^2\sqrt{1 - \dfrac{1}{x^2}}}\mathrm{d}x$

$$= -\int \frac{1}{\sqrt{1 - \dfrac{1}{x^2}}}\mathrm{d}\frac{1}{x} = -\arcsin\frac{1}{x} + C.$$

方法二称为倒换元法.

三、其他换元法

【例 6】 求不定积分 $\displaystyle\int \sqrt{\mathrm{e}^x - 1}\,\mathrm{d}x$.

解：令 $\sqrt{\mathrm{e}^x - 1} = t$，则 $x = \ln(t^2 + 1)$，$\mathrm{d}x = \dfrac{2t}{t^2 + 1}\mathrm{d}t$，因此有

$$\int \sqrt{\mathrm{e}^x - 1}\,\mathrm{d}x = \int \frac{2t^2}{t^2 + 1}\mathrm{d}t$$

$$= \int \left(2 - \frac{2}{t^2 + 1}\right)\mathrm{d}t$$

$$= 2t - 2\arctan t + C$$

$$= 2\sqrt{\mathrm{e}^x - 1} - 2\arctan\sqrt{\mathrm{e}^x - 1} + C.$$

【例 7】 求不定积分 $\displaystyle\int \frac{\sqrt{a^2-x^2}}{x^4}\mathrm{d}x$

解：令 $x=a\sin t,\ t\in\left(-\dfrac{\pi}{2},\dfrac{\pi}{2}\right),\ \sqrt{a^2-x^2}=a\cos t,\ \mathrm{d}x=a\cos t\mathrm{d}t$，因此有

$$
\begin{aligned}
\int \frac{\sqrt{a^2-x^2}}{x^4}\mathrm{d}x &= \int \frac{\cos^2 t}{a^2\sin^4 t}\mathrm{d}t\\
&= \frac{1}{a^2}\int \cot^2 t\csc^2 t\mathrm{d}t\\
&= -\frac{1}{3a^2}\cot^3 t+C\\
&= -\frac{(a^2-x^2)^{\frac{3}{2}}}{3a^2 x^3}+C.
\end{aligned}
$$

注：此题令 $x=\dfrac{1}{t}$ 也可解出.

第一换元法与第二换元法并无本质不同，统称为换元积分法.

第四节　分部积分法

利用导数与微分的乘法法则，可以得到一个非常重要的不定积分方法：分部积分法.

设 $u=u(x)$，$v=v(x)$，由导数乘法法则 $(uv)'=u'v+uv'$，可以得到微分公式：
$$\mathrm{d}(uv)=u\mathrm{d}v+v\mathrm{d}u，$$
因而有 $\displaystyle\int \mathrm{d}(uv)=\int u\mathrm{d}v+\int v\mathrm{d}u$.

注意到 $\displaystyle\int \mathrm{d}(uv)=uv+C$，因此有
$$\int u\mathrm{d}v=uv-\int v\mathrm{d}u.$$

这就是后面要用的分部积分公式.

【例 1】 求 $\displaystyle\int x\cos x\mathrm{d}x$.

解：
$$
\begin{aligned}
\int x\cos x\mathrm{d}x &= \int x\mathrm{d}\sin x\\
&= x\sin x-\int \sin x\mathrm{d}x\\
&= x\sin x+\cos x+C.
\end{aligned}
$$

【例 2】 求 $\displaystyle\int \ln x\mathrm{d}x$.

解：$\displaystyle\int \ln x\mathrm{d}x = x\ln x-\int x\mathrm{d}\ln x$

$$= x \ln x - \int x \cdot \frac{1}{x} dx$$

$$= x \ln x - x + C.$$

【例3】　求 $\int x^2 e^x dx$.

解：$\int x^2 e^x dx = \int x^2 de^x$

$$= x^2 e^x - \int e^x dx^2$$

$$= x^2 e^x - \int 2x e^x dx$$

$$= x^2 e^x - 2\int x de^x$$

$$= x^2 e^x - 2x e^x + 2\int e^x dx$$

$$= x^2 e^x - 2x e^x + 2e^x + C.$$

本题用了两次分部积分公式.

【例4】　求 $\int \arcsin x dx$.

解：$\int \arcsin x dx = x \arcsin x - \int x d\arcsin x$

$$= x \arcsin x - \int \frac{x}{\sqrt{1-x^2}} dx$$

$$= x \arcsin x - \frac{1}{2} \int \frac{1}{\sqrt{1-x^2}} dx^2$$

$$= x \arcsin x + \frac{1}{2} \int \frac{1}{\sqrt{1-x^2}} d(1-x^2)$$

$$= x \arcsin x + \sqrt{1-x^2} + C.$$

类似可求 $\int \arctan x dx$.

【例5】　求 $\int x \arctan x dx$.

解：$\int x \arctan x dx = \frac{1}{2} \int \arctan x dx^2$

$$= \frac{1}{2} x^2 \arctan x - \frac{1}{2} \int x^2 d\arctan x$$

$$= \frac{1}{2} x^2 \arctan x - \frac{1}{2} \int \frac{x^2}{1+x^2} dx$$

$$= \frac{1}{2} x^2 \arctan x - \frac{1}{2} \int \left(1 - \frac{1}{1+x^2}\right) dx$$

$$= \frac{1}{2} x^2 \arctan x - \frac{x}{2} + \frac{\arctan x}{2} + C.$$

【例6】　求 $\int e^x \cos x dx$.

解：$\displaystyle\int e^x \cos x\,dx = \int \cos x\,de^x$

$$= e^x \cos x - \int e^x\,d\cos x$$

$$= e^x \cos x + \int \sin x e^x\,dx$$

$$= e^x \cos x + \int \sin x\,de^x$$

$$= e^x \cos x + e^x \sin x - \int e^x\,d\sin x$$

$$= e^x \cos x + e^x \sin x - \int e^x \cos x\,dx.$$

注意： 此处没有把积分求出，但积分又同样出现了，因此移项得

$$\int \cos x e^x\,dx = \frac{1}{2}(e^x \cos x + e^x \sin x) + C.$$

这种方法很巧妙，也很有用.

【例7】 求 $\displaystyle\int \sec^3 x\,dx$.

解：$\displaystyle\int \sec^3 x\,dx = \int \sec x \sec^2 x\,dx$

$$= \int \sec x\,d\tan x$$

$$= \sec x \tan x - \int \tan x\,d\sec x$$

$$= \sec x \tan x - \int \tan x \sec x \tan x\,dx$$

$$= \sec x \tan x - \int (\sec^3 x - \sec x)\,dx$$

$$= \sec x \tan x - \ln|\sec x + \tan x| - \int \sec^3 x\,dx,$$

移项得

$$\int \sec^3 x\,dx = \frac{1}{2}(\sec x \tan x - \ln|\sec x + \tan x|) + C.$$

【例8】 求 $\displaystyle\int e^{\sqrt{x}}\,dx$.

解：令 $\sqrt{x} = t$，则 $dx = 2t\,dt$，代入原式有

$$\int e^{\sqrt{x}}\,dx = 2\int te^t\,dt$$

$$= 2\int t\,de^t$$

$$= 2te^t - 2\int e^t\,dt$$

$$= 2te^t - 2e^t + C$$

$$= 2\sqrt{x}e^{\sqrt{x}} - 2e^{\sqrt{x}} + C.$$

本章最后介绍一种其他的积分方法.

【例9】　求 $\displaystyle\int \frac{1}{x(x+1)^2}dx$.

解：令 $\displaystyle\int \frac{1}{x(x+1)^2}dx = \int\left[\frac{a}{x}+\frac{b}{x+1}+\frac{c}{(x+1)^2}\right]dx$,

其中，a，b，c 为待定常数，有

$$\frac{1}{x(x+1)^2}=\frac{a}{x}+\frac{b}{x+1}+\frac{c}{(x+1)^2} ,$$

通分得

$$\frac{1}{x(x+1)^2}=\frac{a(x+1)^2+bx(x+1)+cx}{x(x+1)^2}=\frac{(a+b)x^2+(2a+b+c)x+a}{x(x+1)^2} ,$$

由待定系数法得

$$a+b=0 ,$$
$$2a+b+c=0 ,$$
$$a=1 ,$$

解得 $a=1$，$b=-1$，$c=-1$.

$$\int \frac{1}{x(x+1)^2}dx = \int\left[\frac{1}{x}-\frac{1}{x+1}-\frac{1}{(x+1)^2}\right]dx$$
$$= \ln|x|-\ln|x+1|+\frac{1}{x+1}+C .$$

此种方法是有理函数积分常用的方法.

增加以下积分公式.

（1）$\displaystyle\int \ln x dx = x\ln x - x + C$.

（2）$\displaystyle\int \tan x dx = -\ln|\cos x| + C$.

（3）$\displaystyle\int \cot x dx = \ln|x| + C$.

（4）$\displaystyle\int \sec x dx = \ln|\sec x + \tan x| + C$.

（5）$\displaystyle\int \csc x dx = \ln|\csc x - \cot x| + C$.

（6）$\displaystyle\int \frac{dx}{\sqrt{a^2-x^2}} = \arcsin\frac{x}{a} + C$ （$a>0$）.

（7）$\displaystyle\int \frac{1}{x^2+a^2}dx = \frac{1}{a}\arctan\frac{x}{a} + C$ （$a>0$）.

（8）$\displaystyle\int \frac{1}{a^2-x^2}dx = \frac{1}{2a}\ln\left|\frac{x+a}{x-a}\right| + C$ （$a>0$）.

（9）$\displaystyle\int \sin^2 x dx = \frac{x}{2} - \frac{1}{4}\sin 2x + C$.

（10）$\int \cos^2 x \mathrm{d}x = \dfrac{x}{2} + \dfrac{1}{4} \sin 2x + C$.

（11）$\int \dfrac{1}{\sqrt{x^2 + a^2}} \mathrm{d}x = \ln \left| x + \sqrt{x^2 + a^2} \right| + C$ （$a > 0$）．

（12）$\int \dfrac{1}{\sqrt{x^2 - a^2}} \mathrm{d}x = \ln \left| x + \sqrt{x^2 - a^2} \right| + C$ （$a > 0$）．

习题 4-1

1．填空.

（1）$(\qquad)' = \sin x$ ，$(\qquad)' = x$ ，$(\qquad)' = a^x$ ．

（2）$\left(\displaystyle\int \cos^2 \dfrac{x}{2} \,\mathrm{d}x \right)' = $ _____ ．

2．求下列不定积分.

（1）$\displaystyle\int \dfrac{1}{x\sqrt{x}} \,\mathrm{d}x$ ．

（2）$\displaystyle\int \sqrt{x\sqrt{x}} \,\mathrm{d}x$ ．

（3）$\displaystyle\int \left(\dfrac{x}{2} + \dfrac{2}{x} + x^2 + 2^x \right) \mathrm{d}x$ ．

（4）$\displaystyle\int \left(\mathrm{e}^x + x^{\mathrm{e}} + \csc^2 x - \dfrac{1}{x} \right) \mathrm{d}x$ ．

（5）$\displaystyle\int \left(\dfrac{x}{2} + \dfrac{2}{x} \right)^2 \mathrm{d}x$ ．

（6）$\displaystyle\int \dfrac{1}{x^2(1 + x^2)} \mathrm{d}x$ ．

（7）$\displaystyle\int \dfrac{x^2}{1 + x^2} \mathrm{d}x$ ．

（8）$\displaystyle\int \dfrac{1 + 2x^2}{(1 + x^2)x^2} \mathrm{d}x$ ．

（9）$\displaystyle\int \dfrac{\mathrm{e}^{2x} - 1}{\mathrm{e}^x + 1} \mathrm{d}x$ ．

（10）$\displaystyle\int \sec x (\tan x + \sec x) \mathrm{d}x$ ．

（11）$\displaystyle\int \dfrac{\cos 2x}{\sin x + \cos x} \mathrm{d}x$ ．

（12）$\displaystyle\int \dfrac{\cos 2x}{\sin^2 x \cos^2 x} \mathrm{d}x$ ．

（13）$\displaystyle\int \dfrac{1 + \cos^2 x}{1 + \cos 2x} \mathrm{d}x$ ．

（14）$\displaystyle\int (2^x + 3^x)^2 \mathrm{d}x$ ．

（15）$\displaystyle\int \dfrac{1}{\sqrt{2gh}} \,\mathrm{d}h$ ．

（16）$\displaystyle\int (v_0 t + gt) \mathrm{d}t$ ．

习题 4-2

求下列不定积分.

（1）$\displaystyle\int \dfrac{\mathrm{d}x}{2x + 1}$ ．

（2）$\displaystyle\int \dfrac{1}{x(x + 1)} \mathrm{d}x$ ．

（3）$\int e^{3x}dx$.

（4）$\int (3x+1)^2 dx$.

（5）$\int \dfrac{1}{\sqrt[3]{1-3x}}dx$.

（6）$\int \dfrac{1}{x\ln x}dx$.

（7）$\int \dfrac{x}{(1+x^2)^{\frac{3}{2}}}dx$.

（8）$\int xe^{-\frac{x^2}{2}}dx$.

（9）$\int \dfrac{\cos\sqrt{x}}{\sqrt{x}}dx$.

（10）$\int \dfrac{(\ln x+1)^2}{x}dx$.

（11）$\int \dfrac{1}{e^x+1}dx$.

（12）$\int \dfrac{\cos x}{\sin^2 x}dx$.

（13）$\int \dfrac{\arcsin^2 x}{\sqrt{1-x^2}}dx$.

（14）$\int \dfrac{1}{(1+x^2)\arctan x}dx$.

（15）$\int \sec^4 x dx$.

（16）$\int \cos^3 x dx$.

（17）$\int \dfrac{\cos x-\sin x}{\sin x+\cos x}dx$.

（18）$\int \dfrac{dx}{e^x+e^{-x}}$.

（19）$\int \dfrac{\sin x\cos x}{1+\sin^4 x}dx$.

（20）$\int \dfrac{dx}{\sin x\cos x}$.

（21）$\int \dfrac{x}{\sqrt{1-x^2}}dx$.

（22）$\int \dfrac{dx}{4+x^2}$.

（23）$\int \dfrac{\mathrm{d}x}{4-x^2}$.

（24）$\int \dfrac{\mathrm{d}x}{x^2+2x+2}$.

（25）$\int \dfrac{\mathrm{d}x}{x^2-x+1}$.

（26）$\int x\cos(x^2)\mathrm{d}x$.

（27）$\int \dfrac{x^2}{4+x^6}\mathrm{d}x$.

（28）$\int x^2\sqrt{1+x^3}\,\mathrm{d}x$.

（29）$\int \dfrac{2^x}{\sqrt{1-4^x}}\mathrm{d}x$.

（30）$\int \dfrac{\mathrm{e}^x(1-\mathrm{e}^x)}{\sqrt{1+\mathrm{e}^{2x}}}\mathrm{d}x$.

（31）$\int \cos^3 x\cdot\sin^3 x\mathrm{d}x$.

（32）$\int \dfrac{\cos x\cdot\sin x}{1+\cos^2 x}\mathrm{d}x$.

（33）$\int \dfrac{2x-1}{\sqrt{1-x^2}}\mathrm{d}x$.

（34）$\int \dfrac{x}{x^4+2x^2+2}\mathrm{d}x$.

（35）$\int \cos^2(wt+\varphi)\mathrm{d}t$.

（36）$\int \tan^3 x\cdot\sec x\mathrm{d}x$.

（37）$\int \dfrac{\mathrm{e}^{2\arccos x}}{\sqrt{1-x^2}}\mathrm{d}x$.

（38）$\int \cos 3x\cdot\cos 5x\mathrm{d}x$.

（39）$\int \dfrac{\mathrm{d}x}{(\arcsin x)^2\sqrt{1-x^2}}$.

（40）$\int \dfrac{x^2\mathrm{d}x}{\sqrt{a^2-x^2}}$.

（41）$\int \dfrac{\mathrm{d}x}{\sqrt{(x^2+1)^3}}$.

习题 4-3

求下列不定积分.

（1） $\displaystyle\int \frac{\mathrm{d}x}{1+\sqrt[3]{x}}$.

（2） $\displaystyle\int \frac{\mathrm{d}x}{\sqrt{x}+\sqrt[3]{x}}$.

（3） $\displaystyle\int \frac{\sqrt{x+1}}{1+\sqrt{x+1}}\mathrm{d}x$.

（4） $\displaystyle\int \frac{1}{x}\sqrt{\frac{1-x}{1+x}}\mathrm{d}x$.

（5） $\displaystyle\int \frac{x^2}{\sqrt{9-x^2}}\mathrm{d}x$.

（6） $\displaystyle\int \frac{1}{x\sqrt{4-x^2}}\mathrm{d}x$.

（7） $\displaystyle\int \frac{1}{x\sqrt{a^2+x^2}}\mathrm{d}x$.

（8） $\displaystyle\int \frac{1}{x^2\sqrt{1+x^2}}\mathrm{d}x$.

（9） $\displaystyle\int \frac{1}{(x^2+a^2)^2}\mathrm{d}x$.

（10） $\displaystyle\int \frac{\mathrm{e}^x-1}{\mathrm{e}^x+1}\mathrm{d}x$.

（11） $\displaystyle\int \frac{1}{\sqrt{1+\mathrm{e}^x}}\mathrm{d}x$.

（12） $\displaystyle\int \frac{x}{\sqrt{x^2+2x+2}}\mathrm{d}x$.

（13） $\displaystyle\int \frac{\mathrm{d}x}{\sqrt{(x^2+1)^3}}$.

（14） $\displaystyle\int \frac{\sqrt{x^2-9}}{x}\mathrm{d}x$.

（15） $\displaystyle\int \frac{\mathrm{d}x}{1+\sqrt{1-x^2}}$.

（16） $\displaystyle\int \frac{\mathrm{d}x}{x+\sqrt{1-x^2}}$.

（17）$\int \dfrac{\sqrt{1+\cos x}}{\sin x}\mathrm{d}x$.

（18）$\int \dfrac{1}{x\sqrt{1-\ln^2 x}}\mathrm{d}x$.

（19）$\int \dfrac{x^5+x^4-8}{x^3-x}\mathrm{d}x$.

（20）$\int \sqrt{\mathrm{e}^x-1}\mathrm{d}x$.

（21）$\int \dfrac{\mathrm{d}x}{1+\tan x}$.

（22）$\int \dfrac{\mathrm{d}x}{1+\sin x+\cos x}$.

（23）$\int \dfrac{\mathrm{d}x}{1+\sqrt[3]{x+1}}$.

（24）$\int \dfrac{(\sqrt{x})^3+1}{\sqrt{x}+1}\mathrm{d}x$.

（25）$\int \dfrac{\sqrt{x+1}-1}{\sqrt{x+1}+1}\mathrm{d}x$.

（26）$\int \dfrac{1}{\sqrt{x}+\sqrt[4]{x}}\mathrm{d}x$.

习题 4-4

1．计算下列不定积分.

（1）$\int x^3 \ln x\mathrm{d}x$.

（2）$\int x\sin x\mathrm{d}x$.

（3）$\int x\mathrm{e}^{-x}\mathrm{d}x$.

（4）$\int \arccos x\mathrm{d}x$.

（5）$\int \operatorname{arccot}x\mathrm{d}x$.

（6）$\int x\cos 3x\mathrm{d}x$.

（7）$\int x^2 \sin x\mathrm{d}x$.

（8）$\int \ln^2 x\mathrm{d}x$.

（9）$\int x\ln(x-1)\mathrm{d}x$.

（10） $\int x^2 e^{-x} dx$.

（11） $\int \sin x e^x dx$.

（12） $\int \dfrac{\ln x}{\sqrt{x}} dx$.

（13） $\int e^{\sqrt[3]{x}} dx$.

（14） $\int x f''(x) dx$.

（15） $\int \sin(\ln x) dx$.

（16） $\int \dfrac{\arctan e^x}{e^x} dx$.

2．求下列不定积分.

（1） $\int (\sqrt{x}+1)\left(x-\dfrac{1}{\sqrt{x}}\right) dx$.

（2） $\int \dfrac{\ln(x+1)-\ln x}{x(x+1)} dx$.

（3） $\int x^2 e^{-x^3} dx$.

（4） $\int \dfrac{1-\sin x}{1+\sin x} dx$.

（5） $\int \dfrac{1}{1+e^x} dx$.

（6） $\int \dfrac{(1-x)^2}{\sqrt[3]{x}} dx$.

（7） $\int \dfrac{\cos x}{\sqrt{2+\cos 2x}} dx$.

（8） $\int \dfrac{1}{\sin 2x \cos x} dx$.

（9） $\int \dfrac{\arctan \sqrt{x}}{(1+x)\sqrt{x}} dx$.

（10） $\int \dfrac{x}{x^4+6x^2+5} dx$.

（11） $\int 2^{(3x+1)} 3^{(2x+2)} 4^{(x+3)} dx$.

（12） $\int \dfrac{x^3}{\sqrt{x^2+1}} dx$.

（13）$\int (x^4 + x^2 - 2x + 1)\cos x \, dx$.

（14）$\int \dfrac{x^3}{(1 + x^8)^2} \, dx$.

（15）$\int \dfrac{x^{11}}{x^8 + 3x^4 + 2} \, dx$.

（16）$\int \dfrac{1}{\sin^4 x \cos^4 x} \, dx$.

第五章　定积分

定积分是微积分中除导数外的另一重要内容，它在现代科学中有着重要的作用. 本章从面积入手，先导入定积分的定义，然后讨论定积分的性质与定积分的计算方法.

第一节　定积分的概念与性质

一、曲边三角形与曲边梯形的面积

考虑抛物线 $y=x^2$，当 $0 \leqslant x \leqslant 1$ 时，如图 5.1 所示的虚线所围部分形状的图形称为曲边三角形，如果 x 范围改成 $1 \leqslant x \leqslant 2$，则此时的图形称为曲边梯形.

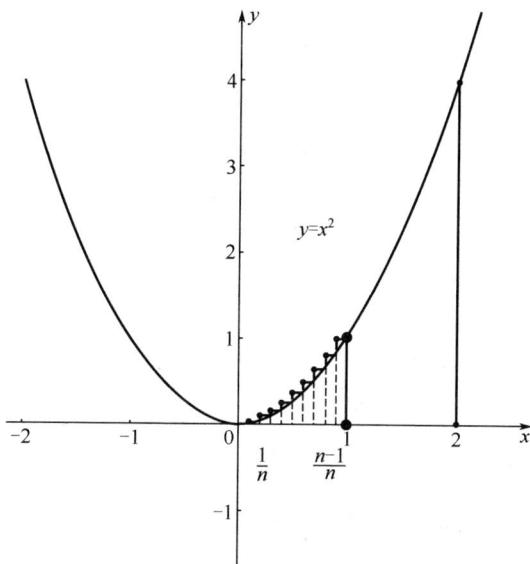

图 5.1

我们考虑一个问题，当 $0 \leqslant x \leqslant 1$ 时，曲边三角形的面积为多少？

为此，把曲边三角形 n 等分，每份近似看成一个梯形，第 i 个梯形的面积近似为 $\dfrac{1}{n} \cdot \dfrac{i^2}{n^2} = \dfrac{i^2}{n^3}$，因而曲边三角形的面积近似为

$$\sum_{i=1}^{n}\frac{i^2}{n^3}=\frac{(n+1)(2n+1)}{6n^2},$$

曲边三角形的面积为

$$\lim_{n\to\infty}\frac{(n+1)(2n+1)}{6n^2}=\frac{1}{3}.$$

类似地，当 $1\leqslant x\leqslant 2$ 时，面积也可求.

一般情况下的曲边梯形面积如何计算？我们要从定积分开始讨论.

二、定积分的定义

定积分的定义图示如图 5.2 所示.

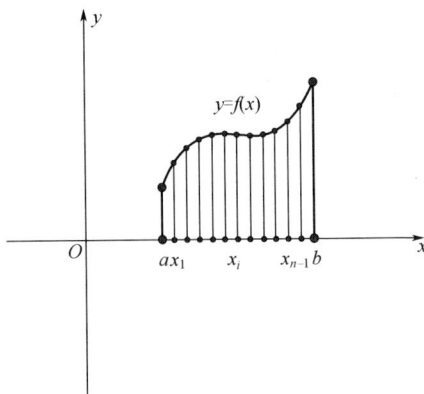

图 5.2

定义　设函数 $y=f(x)$ 定义在区间 $[a,b]$ 上且有界，在 $[a,b]$ 上任意插入 $n-1$ 个分点（见图 5.2），其中：

$$a=x_0<x_1<\cdots<x_{n-1}<x_n=b,$$

令 $\Delta x_i=x_i-x_{i-1}$，任取 n 个点 $\xi_i\in[x_i,x_{i-1}]$，$i=1,2,\cdots,n$．令 $\lambda=\max\{\Delta x_1,\cdots,\Delta x_n\}$，如果极限 $\lim\limits_{\lambda\to 0}\sum\limits_{i=1}^{n}f(\xi_i)\Delta x_i$ 存在，那么称 $y=f(x)$ 在区间 $[a,b]$ 上可积，此极限称为函数 $y=f(x)$ 在 $[a,b]$ 上的定积分，记作

$$\lim_{\lambda\to 0}\sum_{i=1}^{n}f(\xi_i)\Delta x_i=\int_a^b f(x)\mathrm{d}x,$$

其中，$f(x)$ 称为被积函数；a 称为积分下限；b 称为积分上限；$\int$ 称为积分号；x 称为被积元；$f(x)\mathrm{d}x$ 称为积分表达式；$[a,b]$ 称为积分区间.

定理 1　如果函数 $y=f(x)$ 在区间 $[a,b]$ 上连续，那么 $f(x)$ 在区间 $[a,b]$ 上可积.

定理 2　如果函数 $y=f(x)$ 在区间 $[a,b]$ 上有界且只有有限个间断点，那么 $f(x)$ 在区间 $[a,b]$ 上可积.

以上两定理不给证明，可以直接拿来使用.

根据以上两定理可知，有界函数基本都可积. 本章只讨论可积的情况，不讨论不可积的情况.

定理 3　设 $a \leqslant b$，则 $\int_a^b |f(x)| \mathrm{d}x$ 表示由 $y = f(x)$、$x = a$、$x = b$ 与 x 轴围成的曲边梯形的面积.

抛物线 $y = x^2$，当 $0 \leqslant x \leqslant 1$ 时，所围的曲边三角形的面积可表示为 $\int_0^1 x^2 \mathrm{d}x$，因而只要定积分讨论清楚了，面积就清楚了. 本节先讨论定积分，之后讨论面积. 平时可以把定积分理解为带正负号的面积，有点类似于直线的位移与路程的关系.

三、定积分的性质

为了更好地理解定积分，下面给出一系列定积分的性质，这样有利于读者比较快地理解定积分.

设 $f(x)$，$g(x)$ 在区间 $[a,b]$ 与 $[b,c]$ 上可积，则有以下性质.

性质 1　$\int_a^b [f(x) + g(x)] \mathrm{d}x = \int_a^b f(x)\mathrm{d}x + \int_a^b g(x)\mathrm{d}x$.

证明：
$$\int_a^b [f(x) + g(x)]\mathrm{d}x = \lim_{\lambda \to 0} \sum_{i=1}^n [f(\xi_i) + g(\xi_i)]\Delta x_i$$
$$= \lim_{\lambda \to 0} \sum_{i=1}^n f(\xi_i)\Delta x_i + \lim_{\lambda \to 0} \sum_{i=1}^n g(\xi_i)\Delta x_i$$
$$= \int_a^b f(x)\mathrm{d}x + \int_a^b g(x)\mathrm{d}x \,,$$

证毕.

性质 2　$\int_a^b kf(x)\mathrm{d}x = k\int_a^b f(x)\mathrm{d}x$.

证明：$\int_a^b kf(x)\mathrm{d}x = \lim_{\lambda \to 0} \sum_{i=1}^n kf(\xi_i)\Delta x_i = k \lim_{\lambda \to 0} \sum_{i=1}^n f(\xi_i)\Delta x_i = k\int_a^b f(x)\mathrm{d}x$，证毕.

性质 3　$\int_a^b c\mathrm{d}x = c(b - a)$.

利用定积分与面积的关系，性质 3 显然成立，记牢该性质对很多定积分的计算很有帮助. 利用定积分的定义及其与面积的关系，还有下面的性质，此处不再证明，直接给出.

性质 4　若 $a < b$，且对于任意 $x \in [a,b]$，有 $f(x) > 0$，则有 $\int_a^b f(x)\mathrm{d}x > 0$.

性质 5　若 $a < b$，且对于任意 $x \in [a,b]$，有 $f(x) > g(x)$，则有
$$\int_a^b f(x)\mathrm{d}x > \int_a^b g(x)\mathrm{d}x.$$

性质 6　若 $a < b$，则有 $\int_a^b |f(x)| \mathrm{d}x > \left| \int_a^b f(x)\mathrm{d}x \right|$.

性质 7　若 $a < b$，且对于任意 $x \in [a,b]$，有 $m < f(x) < M$，则有

$$m(b-a) < \int_a^b f(x)\mathrm{d}x < M(b-a).$$

性质 8（积分中值定理）若 $f(x)$ 在区间 $[a,b]$ 上连续，则存在 $\xi \in [a,b]$，满足

$$\int_a^b f(x)\mathrm{d}x = f(\xi)(b-a).$$

性质 9　$\displaystyle\int_a^b f(x)\mathrm{d}x + \int_b^c f(x)\mathrm{d}x = \int_a^c f(x)\mathrm{d}x.$

一般称性质 1 为定积分满足函数可加性，称性质 9 为定积分满足区间可加性.

性质 10　$\displaystyle\int_a^a f(x)\mathrm{d}x = 0.$

在前面的性质中，一般都是 $a < b$，因此对于 $a > b$，没有定积分定义，为了使 $a > b$ 的定积分也有定义，规定：$\displaystyle\int_b^a f(x)\mathrm{d}x = -\int_a^b f(x)\mathrm{d}x.$ 这个规定是合理的，为以后计算定积分带来很大的方便，在讨论定积分时，不用区分 a 与 b 的大小. 由于这条规定的重要性，所以把它也作为定积分的性质.

性质 11　$\displaystyle\int_b^a f(x)\mathrm{d}x = -\int_a^b f(x)\mathrm{d}x.$

注意：有了这条性质后，要注意区分 a 与 b 的大小，很多性质在 a 与 b 大小变了后就不成立了，因此前面的性质中都特别注明了 a 与 b 的大小关系.

此处特别需要强调的是：性质 9 中 a，b，c 的大小关系不用区分！利用性质 11，很容易把性质 9 中不同情况下 a，b，c 的大小关系证明出来，这里不再给出证明，有兴趣的读者可以自己去试着证明各种情况.

根据这些性质的讨论，更加清楚地了解了 $\displaystyle\int_b^a f(x)\mathrm{d}x$ 表示 $f(x)$ 在区间 $[a,b]$ 上的带正负号的曲边梯形的面积，与普通意义上的面积有所不同，大家可以把定积分理解为推广了的面积，如同在直线上把路程推广为位移.

第二节　微积分基本公式

第一节给出了定积分的定义，并给出了定积分的许多性质，但计算定积分仍然非常麻烦，只能根据定义来求定积分. 牛顿与莱布尼茨等早年的数学家把定积分的计算和不定积分联系起来，使积分的计算不再麻烦. 本节将讨论定积分与不定积分的重要关系.

一、变上限函数

由上节可知，$\displaystyle\int_a^b f(x)\mathrm{d}x$ 表示 $f(x)$ 在区间 $[a,b]$ 上的带正负号的曲边梯形的面积.

$\int_a^b f(x)\mathrm{d}x$ 与 a，b 有关，也与 $f(x)$ 有关，这里 a，b 是常数，并不是变量，因而 $\int_a^b f(x)\mathrm{d}x$ 也表示一个常数. 为了便于与函数联系，此处引入变上限函数.

定义 1 定积分 $\int_a^x f(t)\mathrm{d}t$ 称为变上限函数，记作 $\varPhi(x)$，即 $\varPhi(x) = \int_a^x f(t)\mathrm{d}t$.

类似地，有变下限函数 $\int_x^a f(t)\mathrm{d}t$，但由于：

$$\int_x^a f(t)\mathrm{d}t = -\int_a^x f(t)\mathrm{d}t = -\varPhi(x)，$$

因而一般情况下不需要特别讨论变下限函数的性质，只要讨论变上限函数的性质即可.

二、微积分基本定理

关于变上限函数，有下面的重要定理.

定理 1（牛顿-莱布尼茨定理） 若函数 $f(x)$ 在区间 $[a,b]$ 上连续，则变上限函数 $\varPhi(x) = \int_a^x f(t)\mathrm{d}t$ 可导，且 $\varPhi(x) = \int_a^x f(t)\mathrm{d}t$ 为 $f(x)$ 的原函数，即

$$\varPhi'(x) = \left[\int_a^x f(t)\mathrm{d}t\right]' = f(x).$$

证明：只要证明 $\lim\limits_{\Delta x \to 0} \dfrac{\varPhi(x + \Delta x) - \varPhi(x)}{\Delta x} = f(x)$ 即可，又

$$\varPhi(x + \Delta x) - \varPhi(x) = \int_a^{x+\Delta x} f(t)\mathrm{d}t - \int_a^x f(t)\mathrm{d}t = \int_x^{x+\Delta x} f(t)\mathrm{d}t，$$

由积分中值定理可知，存在一个 ξ，ξ 介于 x 与 $x + \Delta x$ 之间，满足

$$\int_x^{x+\Delta x} f(t)\mathrm{d}t = f(\xi)\Delta x，$$

因而

$$\begin{aligned}
\lim_{\Delta x \to 0} \frac{\varPhi(x + \Delta x) - \varPhi(x)}{\Delta x} &= \lim_{\Delta x \to 0} \frac{f(\xi)\Delta x}{\Delta x} \\
&= \lim_{\Delta x \to 0} f(\xi) \\
&= f(x).
\end{aligned}$$

最后一步是由于 ξ 介于 x 与 $x + \Delta x$ 之间且 $f(x)$ 在区间 $[a,b]$ 上连续得到的，证毕.

本定理告诉我们，变上限函数 $\varPhi(x)$ 是被积函数 $f(x)$ 的一个原函数，此定理把本章定积分的内容与第四章不定积分甚至导数的内容都结合了起来，因而这个定理称为微积分基本定理. 为了纪念牛顿和莱布尼茨共同发明了微积分，又把这个定理称为牛顿-莱布尼茨定理. 本定理为定积分与不定积分的计算搭建了一个重要的桥梁.

三、牛顿-莱布尼茨公式

定理 2（牛顿-莱布尼茨公式） 设函数 $f(x)$ 在区间 $[a,b]$ 上连续，$F(x)$ 为 $f(x)$

的任一原函数，则有

$$\int_a^b f(x)\mathrm{d}x = F(b) - F(a) = F(x)\big|_a^b.$$

此公式称为牛顿-莱布尼茨公式或微积分基本公式.

根据这个公式，在求定积分时，可先求出被积分函数的不定积分，再用牛顿-莱布尼茨公式求出定积分.

证明：由于 $\Phi(x) = \int_a^x f(t)\mathrm{d}t$，$\Phi(a) = 0$，$\Phi(b) = \int_a^b f(t)\mathrm{d}t$，根据定理 1，$\Phi(x)$ 为 $f(x)$ 的原函数，又 $F(x)$ 也为 $f(x)$ 的一个原函数，因而存在常数 C，满足

$$F(x) = \Phi(x) + C,$$

因此有

$$\begin{aligned}
\int_a^b f(x)\mathrm{d}x &= \Phi(b) - \Phi(a) \\
&= [\Phi(b) + C] - [\Phi(a) + C] \\
&= F(b) - F(a) = F(x)\big|_a^b,
\end{aligned}$$

证毕.

根据定理 1，有重要结论：$\left[\int_a^x f(t)\mathrm{d}t\right]' = f(x)$，大家可以思考一下" $\int_a^x f'(t)\mathrm{d}t = ?$ ".

根据牛顿-莱布尼茨公式，$\int_a^x f'(t)\mathrm{d}t = f(x) - f(a)$.

【例 1】 利用牛顿-莱布尼茨公式，求出第一节中抛物线 $y = x^2$ 的曲边三角形的面积.

解：根据定积分与面积的关系，该曲边三角形的面积可表示为 $\int_0^1 x^2 \mathrm{d}x$，

又 $\int x^2 \mathrm{d}x = \dfrac{x^3}{3} + C$，因而 $\int_0^1 x^2 \mathrm{d}x = \dfrac{x^3}{3}\bigg|_0^0 = \dfrac{1}{3}$.

由于定积分与不定积分写法的相似性，今后可以省去求不定积分的步骤，直接写定积分，这并不影响计算，并且大大简化了步骤. 这里先介绍简单的可以直接进行计算的定积分例子，下一节再讲解运用换元法和分部积分法进行定积分的计算.

【例 2】 求 $\int_0^{\frac{\pi}{2}} \sin x \mathrm{d}x$.

解：$\int_0^{\frac{\pi}{2}} \sin x \mathrm{d}x = -\cos x\big|_0^{\frac{\pi}{2}} = 1$.

该结论表明，$y = \sin x$、x 轴和 $x = \dfrac{\pi}{2}$ 所围图形的面积恰好为 1.

【例 3】 计算 $\int_1^2 \dfrac{1}{x}\mathrm{d}x$.

解：$\int_1^2 \dfrac{1}{x}\mathrm{d}x = \ln x \Big|_1^2 = \ln 2$.

【例 4】　计算 $\int_0^2 |x-1|\mathrm{d}x$.

解：$\int_0^2 |x-1|\mathrm{d}x = \int_0^1 |x-1|\mathrm{d}x + \int_1^2 |x-1|\mathrm{d}x$

$\qquad = \int_0^1 (1-x)\mathrm{d}x + \int_1^2 (x-1)\mathrm{d}x$

$\qquad = \left(x - \dfrac{x^2}{2}\right)\Bigg|_0^1 + \left(\dfrac{x^2}{2} - x\right)\Bigg|_1^2$

$\qquad = 1 - \dfrac{1}{2} + \left(\dfrac{2^2}{2} - 2\right) - \left(\dfrac{1}{2} - 1\right) = 1$.

第三节　定积分的换元法与分部积分法

第二节讲述了定积分可由不定积分求出，即先求出被积分函数的不定积分，再求出被积分函数在相应区间上的定积分．在很多情况下可以直接求定积分，而省去不定积分的步骤，但是，不定积分有换元法与分部积分法两种积分技巧．这两种积分技巧在第二节没有介绍，本节讲述如何将不定积分的这两种积分技巧转换成定积分的积分技巧．

一、定积分的换元法

定理 1　设函数 $f(x)$ 在区间 $[a,b]$ 上连续，$x = \varphi(t)$ 在区间 $[\alpha,\beta]$ 上具有连续的导数，且 $a = \varphi(\alpha)$，$b = \varphi(\beta)$，则有

$$\int_a^b f(x)\mathrm{d}x = \int_\alpha^\beta f[\varphi(t)]\varphi'(t)\mathrm{d}t .$$

证明：设 $f(x)$ 的一个原函数为 $F(x)$，则由牛顿-莱布尼茨公式有

$$\int_a^b f(x)\mathrm{d}x = F(b) - F(a) ,$$

又 $\{F[\varphi(t)]\}' = f[\varphi(t)]\varphi'(t)$，由牛顿-莱布尼茨公式有

$$\int_\alpha^\beta f[\varphi(t)]\varphi'(t)\mathrm{d}t = F[\varphi(t)] \big|_\alpha^\beta = F[\varphi(\beta)] - F[\varphi(\alpha)] = F(b) - F(a) ,$$

因而 $\int_a^b f(x)\mathrm{d}x = \int_\alpha^\beta f[\varphi(t)]\varphi'(t)\mathrm{d}t$，证毕．

利用本定理可对需要由换元法才能积分的函数直接进行定积分的计算．

这里需要特别强调一点：定积分进行换元后，积分范围也相应进行改变！初学的同学很容易忘记这一点．

【例 1】 求 $\int_1^4 \dfrac{1}{1+\sqrt{x}} \mathrm{d}x$.

解：令 $\sqrt{x}=t$，则有 $x=t^2$，$\mathrm{d}x=2t\mathrm{d}t$ ，代入原式得

$$\int_1^4 \frac{1}{1+\sqrt{x}}\mathrm{d}x = \int_1^2 \frac{2t}{1+t}\mathrm{d}t = 2\int_1^2 \left(1-\frac{1}{1+t}\right)\mathrm{d}t$$

$$= [2t-2\ln(1+t)]\,|_1^2 = 2+2\ln\frac{2}{3}.$$

【例 2】 计算 $\int_0^a \sqrt{a^2-x^2}\,\mathrm{d}x$.

解：$\int_0^a \sqrt{a^2-x^2}\,\mathrm{d}x \overset{x=a\sin t}{=\!=\!=} \int_0^{\frac{\pi}{2}} a^2\cos^2 t\,\mathrm{d}t$

$$= a^2 \int_0^{\frac{\pi}{2}} \frac{1+\cos 2t}{2}\mathrm{d}t$$

$$= \frac{a^2}{2}\left(t+\frac{\sin 2t}{2}\right)\Bigg|_0^{\frac{\pi}{2}}$$

$$= \frac{\pi a^2}{4}.$$

【例 3】 计算 $\int_1^2 \dfrac{\sqrt{x-1}}{x}\mathrm{d}x$.

解：$\int_1^2 \dfrac{\sqrt{x-1}}{x}\mathrm{d}x \overset{\sqrt{x-1}=t}{=\!=\!=} \int_0^1 \dfrac{2t^2}{1+t^2}\mathrm{d}t$

$$= 2\int_0^1 \left(1-\frac{1}{1+t^2}\right)\mathrm{d}t$$

$$= 2(t-\arctan t)\,|_0^1$$

$$= 2-\frac{\pi}{2}.$$

【例 4】 计算 $\int_4^9 \dfrac{\sin\sqrt{x}}{\sqrt{x}}\mathrm{d}x$.

解：方法一：$\int_4^9 \dfrac{\sin\sqrt{x}}{\sqrt{x}}\mathrm{d}x \overset{\sqrt{x}=t}{=\!=\!=} 2\int_2^3 \sin t\,\mathrm{d}t$

$$= -2\cos t\,|_2^3$$

$$= 2\cos 2 - 2\cos 3.$$

方法二：$\int_4^9 \dfrac{\sin\sqrt{x}}{\sqrt{x}}\mathrm{d}x = 2\int_4^9 \sin\sqrt{x}\,\mathrm{d}\sqrt{x}$

$$= -2\cos\sqrt{x}\,\Bigg|_4^9$$

$$= 2\cos 2 - 2\cos 3 .$$

二、定积分的分部积分法

利用不定积分的分部积分公式，可得出定积分的分部积分公式.

设函数 $u = u(x)$，$v = v(x)$ 在区间 $[a,b]$ 上具有连续的导数，则有

$$\int_a^b u(x)\mathrm{d}v(x) = u(x)v(x)\Big|_a^b - \int_a^b v(x)\mathrm{d}u(x) .$$

证明很简单，此处省略.

【例5】 求 $\int_1^{\mathrm{e}} \ln x\mathrm{d}x$ 的值.

解：$\int_1^{\mathrm{e}} \ln x\mathrm{d}x = x\ln x\Big|_1^{\mathrm{e}} - \int_1^{\mathrm{e}} x\mathrm{d}\ln x$

$$= \mathrm{e} - \int_1^{\mathrm{e}} x\cdot\frac{1}{x}\mathrm{d}x = \mathrm{e} - x\Big|_1^{\mathrm{e}} = 1 .$$

【例6】 求 $\int_0^1 x\mathrm{e}^x\mathrm{d}x$ 的值.

解：$\int_0^1 x\mathrm{e}^x\mathrm{d}x = \int_0^1 x\mathrm{d}\mathrm{e}^x$

$$= x\mathrm{e}^x\Big|_0^1 - \int_0^1 \mathrm{e}^x\mathrm{d}x$$

$$= x\mathrm{e}^x\Big|_0^1 - \mathrm{e}^x\Big|_0^1 = 1 .$$

【例7】 求 $\int_0^1 \mathrm{e}^{\sqrt{x}}\mathrm{d}x$ 的值.

解：$\int_0^1 \mathrm{e}^{\sqrt{x}}\mathrm{d}x \overset{\sqrt{x}=t}{=} 2\int_0^1 t\mathrm{e}^t\mathrm{d}t$

$$= 2t\mathrm{e}^t\Big|_0^1 - 2\int_0^1 \mathrm{e}^t\mathrm{d}t$$

$$= 2\mathrm{e} - 2\mathrm{e}^t\Big|_0^1 = 2 .$$

第四节 反常积分

前面讨论的定积分 $\int_a^b f(x)\mathrm{d}x$ 都有条件，即函数 $f(x)$ 在闭区间 $[a,b]$ 上连续，由闭区间上连续函数的性质，$f(x)$ 在闭区间 $[a,b]$ 上有界. 下面把定积分推广，分为两种情况：$f(x)$ 在闭区间 $[a,b]$ 上无界和积分闭区间 $[a,b]$ 为无限区间. 这两种情况在实际当中都有应用.

一、积分区间无限时的反常积分

定义1 设函数 $f(x)$ 在区间 $[a,+\infty)$ 上连续，如果极限 $\lim\limits_{t\to+\infty}\int_a^t f(x)\mathrm{d}x$（$t > a$）存

在，那么称此极限为函数 $f(x)$ 在无穷区间 $[a,+\infty)$ 上的反常积分，记作 $\int_a^{+\infty} f(x)\mathrm{d}x$，通常称反常积分 $\int_a^{+\infty} f(x)\mathrm{d}x$ 收敛.

如果极限 $\lim\limits_{t\to+\infty}\int_a^t f(x)\mathrm{d}x$（$t>a$）不存在，那么称反常积分 $\int_a^{+\infty} f(x)\mathrm{d}x$ 发散. 反常积分也称为广义积分，还有一些书中称为奇异积分.

类似地，有以下定义.

定义 2 设函数 $f(x)$ 在区间 $(-\infty,a]$ 上连续，如果极限 $\lim\limits_{t\to-\infty}\int_t^a f(x)\mathrm{d}x$（$t<a$）存在，那么称此极限为函数 $f(x)$ 在无穷区间 $(-\infty,a]$ 上的反常积分，记作 $\int_{-\infty}^a f(x)\mathrm{d}x$. 同样，如果极限 $\lim\limits_{t\to-\infty}\int_t^a f(x)\mathrm{d}x$ 存在，那么称反常积分 $\int_{-\infty}^a f(x)\mathrm{d}x$ 收敛，反之，则称反常积分 $\int_{-\infty}^a f(x)\mathrm{d}x$ 发散.

定义 3 设函数 $f(x)$ 在区间 $(-\infty,+\infty)$ 上连续，记

$$\int_{-\infty}^{+\infty} f(x)\mathrm{d}x = \int_{-\infty}^0 f(x)\mathrm{d}x + \int_0^{+\infty} f(x)\mathrm{d}x,$$

如果 $\int_{-\infty}^0 f(x)\mathrm{d}x$ 与 $\int_0^{+\infty} f(x)\mathrm{d}x$ 两个反常积分均收敛，则称反常积分 $\int_{-\infty}^{+\infty} f(x)\mathrm{d}x$ 收敛，反之，则称反常积分 $\int_{-\infty}^{+\infty} f(x)\mathrm{d}x$ 发散.

通过定义 3 可知，计算反常积分是先计算普通积分再取极限的，为了计算与书写方便，使注意力主要集中在计算反常积分的值上，引入记号：

$$F(+\infty) = \lim\limits_{x\to+\infty} F(x)，\quad F(-\infty) = \lim\limits_{x\to-\infty} F(x)，$$

因此有 $F(x)\big|_a^{+\infty} = F(+\infty) - F(a)$，$F(x)\big|_{-\infty}^a = F(a) - F(-\infty)$.

引入这些记号后使反常积分的计算十分方便.

【例1】 计算 $\int_1^{+\infty} \dfrac{1}{x^2}\mathrm{d}x$.

解：$\int_1^{+\infty} \dfrac{1}{x^2}\mathrm{d}x = \dfrac{-1}{x}\Big|_1^{+\infty} = \lim\limits_{x\to+\infty}\left(\dfrac{-1}{x}\right) + 1 = 1$，

因而 $\int_1^{+\infty} \dfrac{1}{x^2}\mathrm{d}x$ 收敛，值为 1.

【例2】 计算 $\int_1^{+\infty} \dfrac{1}{x}\mathrm{d}x$.

解：$\int_1^{+\infty} \dfrac{1}{x}\mathrm{d}x = \ln x\big|_1^{+\infty} = \lim\limits_{x\to+\infty}\ln x - \ln 1 = +\infty$，

因而 $\int_1^{+\infty} \dfrac{1}{x}\mathrm{d}x$ 发散.

由图 5.3 所示的两例子的图像可知，$y=\dfrac{1}{x^2}$、$x=1$ 与 x 轴所围的无限区域的面积有限大，值为 1. 而 $y=\dfrac{1}{x}$、$x=1$ 与 x 轴所围的无限区域的面积无限大.

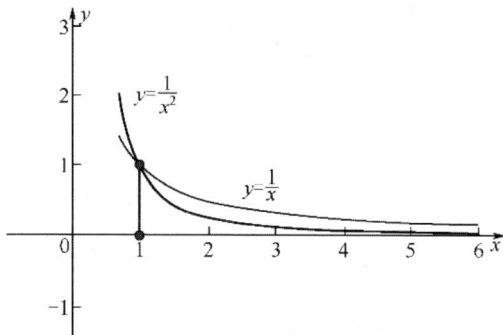

图 5.3

【例 3】 计算 $\displaystyle\int_{-\infty}^{+\infty}\dfrac{1}{1+x^2}\mathrm{d}x$.

解：$\displaystyle\int_{-\infty}^{+\infty}\dfrac{1}{1+x^2}\mathrm{d}x=\arctan x\,\big|_{-\infty}^{+\infty}=\lim_{x\to+\infty}\arctan x-\lim_{x\to-\infty}\arctan x$

$$=\dfrac{\pi}{2}-\left(-\dfrac{\pi}{2}\right)=\pi,$$

因而 $\displaystyle\int_{-\infty}^{+\infty}\dfrac{1}{1+x^2}\mathrm{d}x$ 收敛，值为 π.

【例 4】 计算 $\displaystyle\int_{e}^{+\infty}\dfrac{1}{x\ln x}\mathrm{d}x$.

解：$\displaystyle\int_{e}^{+\infty}\dfrac{1}{x\ln x}\mathrm{d}x=\ln\ln x\,\big|_{e}^{+\infty}=\lim_{x\to+\infty}\ln\ln x-\ln 1=+\infty$，

因而 $\displaystyle\int_{e}^{+\infty}\dfrac{1}{x\ln x}\mathrm{d}x$ 发散.

【例 5】 计算 $\displaystyle\int_{1}^{+\infty}x\mathrm{e}^{\frac{-x^2}{2}}\mathrm{d}x$.

解：$\displaystyle\int_{1}^{+\infty}x\mathrm{e}^{\frac{-x^2}{2}}\mathrm{d}x=-\mathrm{e}^{\frac{-x^2}{2}}\,\big|_{1}^{+\infty}=\lim_{x\to+\infty}(-\mathrm{e}^{\frac{-x^2}{2}})+\dfrac{1}{\mathrm{e}}=\dfrac{1}{\mathrm{e}}$，

因而 $\displaystyle\int_{1}^{+\infty}x\mathrm{e}^{\frac{-x^2}{2}}\mathrm{d}x$ 收敛，值为 $\dfrac{1}{\mathrm{e}}$.

本例在概率论中有较多的应用.

【例 6】 讨论并计算 $\displaystyle\int_{1}^{+\infty}\dfrac{1}{x^p}\mathrm{d}x$.

解：当 $p \neq 1$ 时，$\int_1^{+\infty} \dfrac{1}{x^p} \mathrm{d}x = \dfrac{x^{1-p}}{1-p} \Big|_1^{+\infty} = \lim\limits_{x \to +\infty} \dfrac{x^{1-p}}{1-p} - \dfrac{1}{1-p} = \begin{cases} \dfrac{1}{p-1}, & p > 1, \\ +\infty, & p < 1, \end{cases}$

因而当 $p > 1$ 时，$\int_1^{+\infty} \dfrac{1}{x^p} \mathrm{d}x$ 收敛，值为 $\dfrac{1}{p-1}$. 当 $p \leqslant 1$ 时，$\int_1^{+\infty} \dfrac{1}{x^p} \mathrm{d}x$ 发散.

注意：$p = 1$ 时在例 2 中已经讨论过了.

二、无界函数的反常积分

定义 4 设函数 $f(x)$ 在区间 $(a,b]$ 上连续且无界，如果极限 $\lim\limits_{t \to a^+} \int_t^b f(x)\mathrm{d}x$（$t > a$）存在，那么称此极限为函数 $f(x)$ 在区间 $(a,b]$ 上的反常积分，记作 $\int_a^b f(x)\mathrm{d}x$，通常称反常积分 $\int_a^b f(x)\mathrm{d}x$ 收敛. 如果极限 $\lim\limits_{t \to a^+} \int_t^b f(x)\mathrm{d}x$（$t > a$）不存在，那么称反常积分 $\int_a^b f(x)\mathrm{d}x$ 发散.

注意：设 $f(x)$ 在区间 $(a,b]$ 上连续且无界，则无界的情形只能出现在 a 点处，经常会碰到的情况是 $\lim\limits_{t \to a^+} f(x) = \infty$. 无界点出现在 b 点处时同样有反常积分的定义.

定义 5 设 $f(x)$ 在区间 $[a,b)$ 上连续且无界，如果极限 $\lim\limits_{t \to b^-} \int_a^t f(x)\mathrm{d}x$（$t < b$）存在，那么称此极限为函数 $f(x)$ 在区间 $[a,b)$ 上的反常积分，记作 $\int_a^b f(x)\mathrm{d}x$，通常称反常积分 $\int_a^b f(x)\mathrm{d}x$ 收敛. 如果极限 $\lim\limits_{t \to b^-} \int_a^t f(x)\mathrm{d}x$（$t < b$）不存在，那么称反常积分 $\int_a^b f(x)\mathrm{d}x$ 发散.

有多个无界点的反常积分可通过分段求和的方式来定义，这里不再给出.

与区间无限时的反常积分类似，引入记号：

$$\lim_{t \to b^-} F(x) = F(b^-), \quad \lim_{t \to a^+} F(x) = F(a^+),$$

因此有 $F(x)\big|_a^b = F(b) - F(a^+)$（对应定义 4 的情形），或者 $F(x)\big|_a^b = F(b^-) - F(a)$（对应定义 5 的情形）.

【例 7】 计算 $\int_0^1 \dfrac{1}{\sqrt{1-x}} \mathrm{d}x$.

解：$\int_0^1 \dfrac{1}{\sqrt{1-x}} \mathrm{d}x = -2\sqrt{1-x}\,\big|_0^1 = \lim\limits_{x \to 1^-}(-2\sqrt{1-x}) + 2 = 2$，

因而 $\int_0^1 \dfrac{1}{\sqrt{1-x}} \mathrm{d}x$ 收敛，值为 2.

通常，倒数第二个等号可以省略，很多情况下，反常积分的计算过程与普通积

分的计算过程没有什么区别.

【例8】 讨论并计算 $\int_0^1 \frac{1}{x^p}\mathrm{d}x$.

解：当 $p \neq 1$ 时， $\int_0^1 \frac{1}{x^p}\mathrm{d}x = \frac{x^{1-p}}{1-p}\Big|_0^1 = \frac{1}{1-p} - \lim_{x \to 0^+}\frac{x^{1-p}}{1-p} = \begin{cases} \dfrac{1}{1-p}, & p < 1, \\ +\infty, & p > 1. \end{cases}$

当 $p = 1$ 时， $\int_0^1 \frac{1}{x^p}\mathrm{d}x = \ln x\big|_0^1 = +\infty$.

因而，当 $p < 1$ 时， $\int_0^1 \frac{1}{x^p}\mathrm{d}x$ 收敛，值为 $\frac{1}{1-p}$. 当 $p \geq 1$ 时， $\int_0^1 \frac{1}{x^p}\mathrm{d}x$ 发散.

注意：本例与例 6 的图形具有对称性.

习题 5-1

1. 定积分 $\int_a^b f(x)\mathrm{d}x$ 的几何意义可否解释为：介于曲线 $y = f(x)$ 、 x 轴、 $x = a$ 和 $x = b$ 之间的曲边梯形的面积？试就各种情况讨论其中的差别.

2. 设物体沿 x 轴，在变力 $F = F(x)$ 的作用下由点 a 移动到点 b （ $a < b$ ），试用定积分的定义（积分和式的极限）来表示变力 F 所做的功 W .

3. 利用定积分的几何意义求下列定积分的值.

（1） $\int_0^1 2x\mathrm{d}x$.

（2） $\int_{-1}^1 \sqrt{1-x^2}\mathrm{d}x$.

（3） $\int_{-\pi}^{\pi} \sin x\mathrm{d}x$.

4. 试证明 $\int_{-\frac{\pi}{2}}^{\frac{\pi}{2}} \cos x\mathrm{d}x = 2\int_0^{\frac{\pi}{2}} \cos x\mathrm{d}x$.

5. 根据定积分的性质，试说明下列哪个定积分的值比较大？

（1） $\int_0^1 x^2\mathrm{d}x$ 与 $\int_0^1 x^3\mathrm{d}x$.

（2） $\int_1^2 x^2\mathrm{d}x$ 与 $\int_1^2 x^3\mathrm{d}x$.

（3） $\int_1^2 \ln x\mathrm{d}x$ 与 $\int_1^2 (\ln x)^2\mathrm{d}x$.

（4） $\int_{-2}^{-1} \left(\frac{1}{3}\right)^x \mathrm{d}x$ 与 $\int_{-2}^{-1} 3^x\mathrm{d}x$.

6. 试用定义求 $\int_0^1 x^3\mathrm{d}x$.

7. 试用定积分表示椭圆 $\dfrac{x^2}{a^2} + \dfrac{y^2}{b^2} = 1$ 的面积.

8. 证明定积分的性质：

$$\int_a^b kf(x)\mathrm{d}x = k\int_a^b f(x)\mathrm{d}x \quad （k \text{ 为常数}）.$$

习题 5-2

1. 试计算下列导数.

（1）$\dfrac{\mathrm{d}}{\mathrm{d}x} \displaystyle\int_1^x \dfrac{\sin 2t}{2t}\mathrm{d}t$.

（2）$\dfrac{\mathrm{d}}{\mathrm{d}x} \displaystyle\int_x^1 \mathrm{e}^{t^2}\mathrm{d}t$.

（3）$\dfrac{\mathrm{d}}{\mathrm{d}y} \displaystyle\int_y^0 \sqrt{1+x^4}\mathrm{d}x$.

（4）$\dfrac{\mathrm{d}}{\mathrm{d}x} \displaystyle\int_0^{-x} t\mathrm{e}^{-t^2}\mathrm{d}t$.

2. 试计算下列定积分.

（1）$\displaystyle\int_1^2 x^3\mathrm{d}x$.

（2）$\displaystyle\int_4^9 \sqrt{x}(1+\sqrt{x})\mathrm{d}x$.

（3）$\displaystyle\int_{-\frac{1}{2}}^{\frac{1}{2}} \dfrac{\mathrm{d}x}{\sqrt{1-x^2}}$.

（4）$\displaystyle\int_{1/\sqrt{3}}^{\sqrt{3}} \dfrac{\mathrm{d}x}{1+x^2}$.

（5）$\displaystyle\int_0^1 \mathrm{e}^{-x}\mathrm{d}x$.

（6）$\displaystyle\int_0^{\frac{\pi}{4}} \tan^2\theta\mathrm{d}\theta$.

3. 求由 $\displaystyle\int_0^y \mathrm{e}^{-t^2}\mathrm{d}t + \int_0^x \cos t^2\mathrm{d}t = 0$ 确定的隐函数 y 对 x 的导数 $\dfrac{\mathrm{d}y}{\mathrm{d}x}$.

4. 求 $\displaystyle\int_1^2 (x^2+3x)\mathrm{d}x$.

5. 求 $\displaystyle\int_1^2 \dfrac{1}{1+2x}\mathrm{d}x$.

6. 求 $\displaystyle\int_1^2 \left(x^2+\dfrac{1}{x^4}\right)\mathrm{d}x$.

7. 求 $\displaystyle\int_0^{\frac{\pi}{2}} x\cos x^2\mathrm{d}x$.

8. 求 $\displaystyle\int_0^{\frac{1}{2}} \frac{x\mathrm{d}x}{\sqrt{(1-x^2)}}$.

9. 求 $\displaystyle\int_0^{\sqrt{3}a} \frac{\mathrm{d}x}{a^2+x^2}$.

10. 求 $\displaystyle\int_{-e-1}^{-2} \frac{\mathrm{d}x}{1+x}$.

11. 求 $\displaystyle\int_0^{2\pi} |\sin x|\mathrm{d}x$.

12. 求 $\displaystyle\int_0^{\pi} \sqrt{\sin x - \sin^3 x}\mathrm{d}x$.

13. 求 $\displaystyle\int_0^{\pi} (1-\sin^3 \theta)\mathrm{d}\theta$.

14. 求 $\displaystyle\int_{\frac{\pi}{6}}^{\frac{\pi}{2}} \cos^2 u\mathrm{d}u$.

习题 5-3

计算下列定积分.

（1） $\displaystyle\int_{\frac{1}{\sqrt{2}}}^1 \frac{\sqrt{1-x^2}}{x^2}\mathrm{d}x$.

（2） $\displaystyle\int_0^a x^2 \sqrt{a^2-x^2}\mathrm{d}x$.

（3） $\displaystyle\int_1^{\sqrt{3}} \frac{\mathrm{d}x}{x^2\sqrt{1+x^2}}$.

（4） $\displaystyle\int_0^{\frac{1}{2}} \frac{1}{\sqrt{(1-x^2)^3}}\mathrm{d}x$.

（5） $\displaystyle\int_{\sqrt{2}}^2 \frac{\mathrm{d}x}{x\sqrt{x^2-1}}$.

（6） $\displaystyle\int_0^1 \frac{x\mathrm{d}x}{\sqrt{5-4x}}$.

（7） $\displaystyle\int_0^1 te^{-\frac{t^2}{2}}\mathrm{d}t$.

（8） $\displaystyle\int_0^1 t^2 \mathrm{e}^{-t}\mathrm{d}t$.

（9） $\displaystyle\int_{-1}^0 \frac{\mathrm{d}x}{x^2+2x+2}$.

（10） $\displaystyle\int_{-\frac{\pi}{2}}^{\frac{\pi}{2}} \cos 2x \cos 4x\mathrm{d}x$.

（11）$\int_{-1}^{1} \dfrac{x(\cos x + x)\mathrm{d}x}{1+x^2}$.

（12）$\int_{0}^{\pi} \sqrt{1+\cos 2x}\,\mathrm{d}x$.

（13）$\int_{0}^{1} x\mathrm{e}^{-x}\mathrm{d}x$.

（14）$\int_{0}^{1} x\mathrm{e}^{-x^2}\mathrm{d}x$.

（15）$\int_{\frac{\pi}{4}}^{\frac{\pi}{3}} \dfrac{x}{\sin^2 x}\,\mathrm{d}x$.

（16）$\int_{1}^{4} \dfrac{\ln x}{\sqrt{x}}\,\mathrm{d}x$.

（17）$\int_{0}^{1} x\arctan x\,\mathrm{d}x$.

（18）$\int_{0}^{\frac{\pi}{2}} \mathrm{e}^{2x}\sin x\,\mathrm{d}x$.

（19）$\int_{0}^{\pi} (x\sin x)^2\mathrm{d}x$.

（20）$\int_{1}^{\mathrm{e}} \sin(\ln x)\mathrm{d}x$.

（21）$\int_{\frac{1}{\mathrm{e}}}^{\mathrm{e}} |\ln x|\mathrm{d}x$.

习题 5-4

1. 判定下列各反常积分的收敛性，若收敛，计算反常积分的值.

（1）$\int_{1}^{+\infty} \dfrac{\mathrm{d}x}{x^4}$.

（2）$\int_{0}^{+\infty} \mathrm{e}^{-ax}\mathrm{d}x$ （$a>0$）.

（3）$\int_{0}^{+\infty} \dfrac{1}{\mathrm{e}^x+\mathrm{e}^{-x}}\mathrm{d}x$.

（4）$\int_{0}^{+\infty} \mathrm{e}^{-pt}\sin\omega t\,\mathrm{d}t$ （$p>0,\ \omega>0$）.

（5）$\int_{0}^{1} \dfrac{x\mathrm{d}x}{\sqrt{1-x^2}}$.

（6）$\int_{1}^{2} \dfrac{x\mathrm{d}x}{\sqrt{x-1}}$.

（7）$\int_{-\infty}^{+\infty} \dfrac{\mathrm{d}x}{x^2+2x+2}$.

（8）$\int_{1}^{\mathrm{e}} \dfrac{\mathrm{d}x}{x\sqrt{1-(\ln x)^2}}$.

（9） $\int_0^1 \dfrac{\mathrm{d}x}{\sqrt[3]{x}}$.

（10） $\int_0^1 \dfrac{1}{x\ln x}\mathrm{d}x$.

（11） $\int_0^1 \dfrac{1}{x\ln^2 x}\mathrm{d}x$.

（12） $\int_0^1 \dfrac{1}{x\ln x\ln\ln x}\mathrm{d}x$.

（13） $\int_1^{+\infty} \dfrac{1}{x\ln x}\mathrm{d}x$.

（14） $\int_{+\infty}^1 \dfrac{1}{x\ln^2 x}\mathrm{d}x$.

（15） $\int_{100}^{+\infty} \dfrac{1}{x\ln x\ln\ln x}\mathrm{d}x$.

2．判定下列各反常积分的收敛性.

（1） $\int_e^{+\infty} \dfrac{1}{x\ln^k x}\mathrm{d}x$.

（2） $\int_0^{1/e} \dfrac{1}{x\ln^n x}\mathrm{d}x$.

（3） $\int_0^{+\infty} \mathrm{e}^{\frac{-t^2}{2}}\mathrm{d}t$.

第六章　定积分的应用

定积分在物理学、几何学与经济学中有着广泛的应用，本章通过微元法介绍定积分在各领域的应用. 在本章中，不仅要注意定积分的各类应用，还要注意微元法在定积分的应用中扮演的重要角色.

第一节　定积分的微元法

微元法就是对一个对象进行运算时，将大范围的运算对象分割成无穷小的运算对象，而每个无穷小的运算对象又都可以用直线来代替原本的曲线，这时微积分就派上用场了，本章主要讲述微元法在定积分中的应用.

设函数 $y = f(x)$ 定义在区间 $[a,b]$ 上且有界，首先回顾定积分的定义，发现在计算 $f(x)$ 在区间 $[a,b]$ 上的定积分时，将其分割成很多个小块，再求其面积的近似值，过程如下.

在区间 $[a,b]$ 上任意插入 $n-1$ 个分点：

$$a = x_0 < x_1 < \cdots < x_{n-1} < x_n = b ,$$

令 $\Delta x_i = x_i - x_{i-1}$，又任取 n 个点 $\xi_i \in [x_i, x_{i-1}]$，$i = 1, 2, \cdots, n$. 此处，$\Delta x_i = x_i - x_{i-1}$ 为区间的宽度，$f(\xi_i)$ 为第 n 个矩形的高度（面积可为负，高度也可为负），因而，第 n 个矩形的面积为 $S_i = f(\xi_i)\Delta x_i$，这是 $f(x)$ 在区间 $[x_{i-1}, x_i]$ 上面积的近似值，$\sum_{i=1}^{n} S_i = \sum_{i=1}^{n} f(\xi_i)\Delta x_i$ 为 $f(x)$ 在区间 $[a,b]$ 上的定积分，即面积的近似值，将区间细分并使最大区间长度趋于 0，则近似值 $\sum_{i=1}^{n} S_i = \sum_{i=1}^{n} f(\xi_i)\Delta x_i$ 变为精确值 $\int_a^b f(x)\mathrm{d}x$.

令 $\lambda = \max\{\Delta x_1, \cdots, \Delta x_n\}$，用极限的式子描述为

$$\lim_{\lambda \to 0} \sum_{i=1}^{n} f(\xi_i)\Delta x_i = \int_a^b f(x)\mathrm{d}x . \tag{6.1}$$

$f(\xi_i)\Delta x_i$ 可以看成是 $f(x)$ 在区间 $[x_{i-1}, x_i]$ 上面积的近似值，称为定积分或面积的微元. 事实上，取极限即对区间无穷细分，比较式（6.1）等号两边，如图 6.1 所示，可以把积分微元看成 $f(x)\mathrm{d}x$，其中，$\mathrm{d}x$ 为区间 $[x, x+\mathrm{d}x]$ 的宽度，由于 $\mathrm{d}x$ 为微元，区间 $[x, x+\mathrm{d}x]$ 上的高度可统一看成 $f(x)$，所以可以得到积分微元 $f(x)\mathrm{d}x$，把 $\int_a^b$ 看成将区间 $[a,b]$ 上所有的 $\mathrm{d}x$ 小区间求和，得到定积分 $\int_a^b f(x)\mathrm{d}x$.

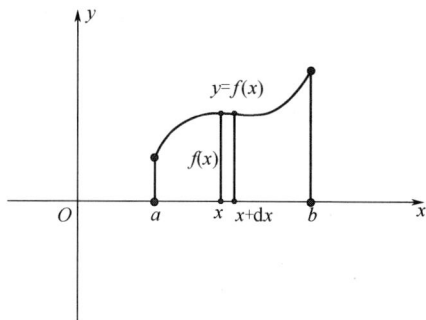

图 6.1

此处总结一下微元法的各元素及其含义. x 为区间 $[a,b]$ 上的任意点，dx 为区间 $[x, x+dx]$ 的宽度，$f(x)$ 为区间 $[x, x+dx]$ 上的统一高度，$f(x)dx = ds$ 为面积微元，$\int_a^b$ 为面积微元求和符号，$\int_a^b f(x)dx$ 为最终所求的定积分.

这种方法称为微元法，在定积分的应用中用途非常大，可以好好体会. 下面从各方面来介绍它的应用.

第二节　定积分与面积

定理　设 $a \leqslant b$，若对任意 $x \in [a,b]$，$g(x) \leqslant f(x)$，则由 $x = a$，$x = b$，$g(x)$ 与 $f(x)$ 所围图形的面积为 $\int_a^b [f(x) - g(x)]dx$；若 $g(x)$，$f(x)$ 无法区分大小，则所围图形的面积为 $\int_a^b | f(x) - g(x) | dx$.

本定理结论根据第五章第一节定理 3 可以得出，证明略.

【例1】　求 $y = x^2$ 与 $y = \sqrt{x}$ 所围图形的面积.

解：如图 6.2 所示，将 $y = x^2$ 与 $y = \sqrt{x}$ 联立，得交点为 $(0,0)$ 与 $(1,1)$.

由上面定理可知，所围图形的面积为

$$\int_0^1 (\sqrt{x} - x^2)dx = \left(\frac{2}{3} x^{\frac{3}{2}} - \frac{x^3}{3} \right) \Big|_0^1 = \frac{1}{3}.$$

【例2】　求 $y = x^3$、$x = -1$、$x = -2$ 与 x 轴所围图形的面积.

解：如图 6.3 所示，易知所围图形的面积为

$$\int_{-1}^2 | x^3 | dx = -\int_{-1}^0 x^3 dx + \int_0^2 x^3 dx$$

$$= -\frac{x^4}{4} \Big|_{-1}^0 + \frac{x^4}{4} \Big|_0^2 = \frac{17}{4}.$$

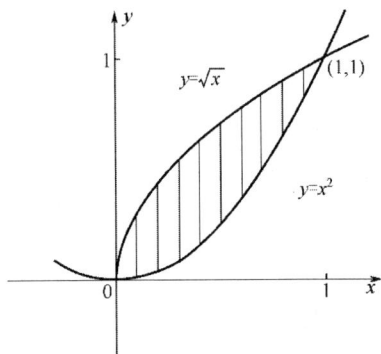

图 6.2

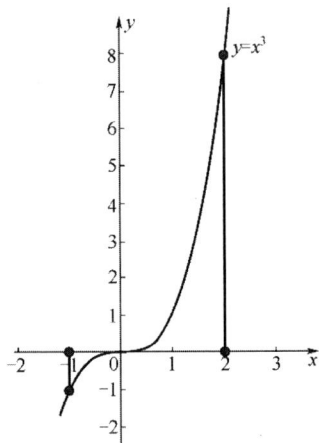

图 6.3

【例3】 求 $y = \sin x$ 、 $y = \cos x$ 、 $x = 0$ 与 $x = \dfrac{\pi}{2}$ 所围图形的面积.

解：如图 6.4 所示，所围图形的面积为 $\displaystyle\int_0^{\frac{\pi}{2}} |\sin x - \cos x| \, dx$ ，由对称性得

$$\int_0^{\frac{\pi}{2}} |\sin x - \cos x| \, dx = 2\int_0^{\frac{\pi}{4}} |\sin x - \cos x| \, dx$$

$$= 2\int_0^{\frac{\pi}{4}} (\cos x - \sin x) \, dx$$

$$= 2(\sin x + \cos x)\Big|_0^{\frac{\pi}{4}} = 2\sqrt{2} - 2.$$

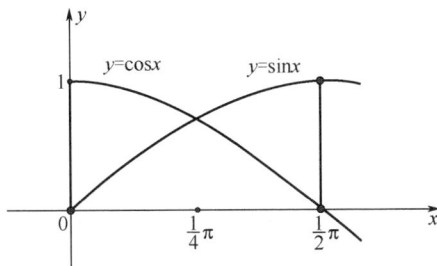

图 6.4

【例4】 求由抛物线 $x^2 = 2y$ 与直线 $y = x + 4$ 所围图形的面积.

解：联立 $x^2 = 2y$ 与 $y = x + 4$ ，得交点为 $(-2,2)$ 与 $(4,8)$ ，因而，所围图形的面积为

$$\int_{-2}^{4} \left(x + 4 - \frac{x^2}{2} \right) dx = \left(\frac{x^2}{2} + 4x - \frac{x^3}{6} \right)\Bigg|_{-2}^{4} = 18.$$

【例5】　求椭圆 $\dfrac{x^2}{a^2}+\dfrac{y^2}{b^2}=1$ 的面积公式.

解：取 1/4 椭圆，此时函数为 $y=b\sqrt{1-\dfrac{x^2}{a^2}}$ ，椭圆 $\dfrac{x^2}{a^2}+\dfrac{y^2}{b^2}=1$ 的面积应为

$$S=4\int_0^a b\sqrt{1-\frac{x^2}{a^2}}\mathrm{d}x \overset{x=a\sin t}{=}4\int_0^{\frac{\pi}{2}}ab\cos^2 t\mathrm{d}t$$

$$=4ab\int_0^{\frac{\pi}{2}}\frac{1+\cos 2t}{2}\mathrm{d}t=4ab\left(\frac{t}{2}+\frac{\sin 2t}{4}\right)\Bigg|_0^{\frac{\pi}{2}}$$

$$=\pi ab.$$

第三节　旋转体的体积

　　旋转体是由一平面图形绕这平面内一条直线旋转一周而形成的立方体，这条直线叫作旋转轴. 圆柱、圆锥、圆台和球体等常见几何体都是旋转体. 矩形绕它的一条边旋转形成圆柱，直角三角形绕它的一条直角边旋转形成圆锥，直角梯形绕它的直角腰线旋转形成圆台，圆绕它的直径旋转形成球体. 本节讲述这些旋转体体积的求法.

　　图 6.5 所示为函数 $y=f(x)$（$a\leqslant x\leqslant b$）绕 x 轴旋转一周所得到的旋转体，求其体积 V. 体积微元为 $\mathrm{d}v=\pi y^2\mathrm{d}x$ ，因而有

$$V=\int_a^b \pi y^2\mathrm{d}x=\int_a^b \pi f^2(x)\mathrm{d}x.$$

　　上式称为旋转体体积公式，类似地， $y=f(x)$（$c\leqslant y\leqslant d$）绕 y 轴旋转的体积为 $V=\int_c^d \pi x^2\mathrm{d}y$ ，体积微元为 $\pi x^2\mathrm{d}y$.

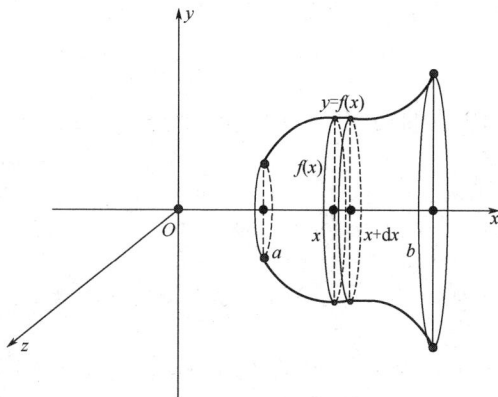

图 6.5

【例1】　求 $y=\dfrac{bx}{a}$（$0\leqslant x\leqslant a$）绕 x 轴旋转所得旋转体的体积.

解：$V = \int_0^a \pi y^2 \mathrm{d}x = \int_0^a \pi \cdot \dfrac{b^2 x^2}{a^2} \mathrm{d}x = \pi \cdot \dfrac{b^2 x^3}{3a^2} \bigg|_0^a = \dfrac{\pi b^2 a}{3}$.

这就是圆锥的体积公式，其中，圆锥的高为 a，底面半径为 b.

【例2】 求椭圆 $\dfrac{x^2}{a^2} + \dfrac{y^2}{b^2} = 1 (-a \leqslant x \leqslant a)$ 绕 x 轴旋转所得旋转体的体积.

解：$V = \int_{-a}^a \pi y^2 \mathrm{d}x = \int_{-a}^a \pi \cdot \left(b^2 - \dfrac{b^2 x^2}{a^2}\right) \mathrm{d}x = \pi \cdot \left(b^2 x - \dfrac{b^2 x^3}{3a^2}\right) \bigg|_{-a}^a = \dfrac{4\pi b^2 a}{3}$.

易见，当 $a = b$ 时，该公式即球的体积公式.

【例3】 求由 $y = x^2$ 与 $y^2 = x$ 所围区间绕 x 轴旋转所得旋转体的体积.

解：$y = x^2$ 与 $y^2 = x$ 的交点为 $(0,0)$ 与 $(1,1)$，因而，旋转体的体积为

$$V = \int_0^1 \pi [(\sqrt{x})^2 - (x^2)^2] \mathrm{d}x = \dfrac{3\pi}{10}.$$

第四节 定积分在物理学和经济学中的应用

一、物理学中的应用

设某物体做变速运动，在任意时刻的速度为 $v(t)$，则从 t 到 $t + \mathrm{d}t$ 微元时间走过的距离微元为 $v(t)\mathrm{d}t$. 因而，有距离（位移）公式：

$$s(t) = \int_0^t v(t)\mathrm{d}t.$$

设某物体做加速运动，任意时刻的加速度为 $a(t)$，则从 t 到 $t + \mathrm{d}t$ 微元时间内的速度变化微元为 $a(t)\mathrm{d}t$. 因而，有速度变化公式：

$$v(t) = \int_0^t a(t)\mathrm{d}t.$$

【例1】 已知某抛出去的物体的速度满足 $v(t) = v_0 + gt$，g 为重力加速度，求任意时刻该物体的位移.

解：$s(t) = \int_0^t v(t)\mathrm{d}t = \int_0^t (v_0 + gt)\mathrm{d}t = v_0 t + \dfrac{1}{2} gt^2$.

这就是著名的抛体公式，当 $v_0 = 0$ 时，即自由落体公式 $\dfrac{1}{2} gt^2$.

【例2】 设某物体在原点由静止开始加速，加速度满足 $a(t) = 10 - 2\sqrt{t}$，$0 \leqslant t \leqslant 25$，时间单位为 s，求该物体在 25s 内任意时刻的速度 $v(t)$ 与走过的距离 $s(t)$.

解：$v(t) = \int_0^t a(t)\mathrm{d}t = \int_0^t (10 - 2\sqrt{t})\mathrm{d}t$

$$= \left(10t - \frac{4}{3}t^{\frac{3}{2}}\right)\Big|_0^t$$

$$= 10t - \frac{4}{3}t^{\frac{3}{2}}, \quad 0 \leqslant t \leqslant 25.$$

$$s(t) = \int_0^t v(t)\mathrm{d}t = \int_0^t \left(10t - \frac{4}{3}t^{\frac{3}{2}}\right)\mathrm{d}t = 5t^2 - \frac{8}{15}t^{\frac{5}{2}}, \quad 0 \leqslant t \leqslant 25.$$

【例 3】 设某电子元件的交流电电压为 $v(t) = 10\sin t$ （V），已知某电器电阻为 $R = 100$ （Ω），求该电器在 1h 内所消耗的电能.

解：t 到 $t + \mathrm{d}t$ 微元时间内消耗的电能为 $\dfrac{v^2(t)}{R}\mathrm{d}t$，因而，1h 内消耗的电能为

$$
\begin{aligned}
w &= \int_0^t \frac{v^2(t)}{R}\mathrm{d}t \\
&= \int_0^{3\,600} (\sin t)^2 \mathrm{d}t \\
&\approx \frac{3\,600}{2\pi} \int_0^{2\pi} (\sin t)^2 \mathrm{d}t \\
&= \frac{3\,600}{2\pi} \int_0^{2\pi} \frac{1 - \cos 2t}{2}\mathrm{d}t \\
&= \frac{3\,600}{2\pi} \cdot \frac{2t - \sin 2t}{4}\Big|_0^{2\pi} = 1\,800.
\end{aligned}
$$

第三步的约等于是因为时间很长，所以最后一个不完整周期可以忽略，这里的单位为瓦特.

在中学里，几乎所有物理学的计算公式在微积分中都有相应的微积分形式，这种形式的公式适用范围更广，推广也不难，这里不再一一讲述.

二、经济学中的应用

在经济学中，经常遇到已知边际成本求总成本的情况，这种情况通常用定积分或变上限函数积分解决. 它们还可用于求总需求函数、总收益函数和总利润函数.

设某产品的总成本函数为 $C(x)$，它的边际成本函数为 $C'(x)$，则有

$$C(x) = C(0) + \int_0^x C'(x)\mathrm{d}x,$$

当产量从 x 到 $x + \mathrm{d}x$ 时，成本微元为 $C'(x)\mathrm{d}x$.

【例 4】 生产某产品的边际成本函数为 $C'(x) = 3x^2 - 14x + 100$，$C(0) = 10\,000$，求生产 x 个产品的总成本函数.

解：总成本函数为

$$C(x) = C(0) + \int_0^x C'(x)\mathrm{d}x$$

$$= 10\,000 + \int_0^x (3x^2 - 14x + 100)\mathrm{d}x$$

$$= 10\,000 + (x^3 - 7x^2 + 100x)\Big|_0^x$$

$$= 10\,000 + x^3 - 7x^2 + 100x.$$

【例5】 设某工厂生产 x 个产品的边际成本函数为 $C'(x) = 10\,500 - 200x + x^2$，固定成本为 $C(0) = 10\,000$ 元，产品市场单价为 500 元．假设生产出的产品能完全销售，问：生产量为多少时利润最大？并求出最大利润．

解：总成本函数为

$$C(x) = \int_0^x (10\,500 - 200x + x^2)\mathrm{d}x + C(0)$$

$$= 10\,500x - 100x^2 + \frac{x^3}{3} + 10\,000.$$

总收益函数为

$$R(x) = 500x.$$

总利润函数为

$$L(x) = R(x) - C(x) = -10\,000x + 100x^2 - \frac{x^3}{3} - 10\,000 ,$$

$$L'(x) = -10\,000 + 200x - x^2 ,$$

令 $L'(x) = 0$，得 $x = 100$．

因此，当生产量为 100 时，利润最大．最大利润为 $L(100) \approx 3.43 \times 10^5$ 元．

第五节　定积分的其他应用

一、平均值

已知函数 $f(x)$ 在区间 $[a,b]$ 上连续，如何求函数 $f(x)$ 在区间 $[a,b]$ 上的平均值呢？
一般将区间 $[a,b]$ n 等分，设等分点为

$$x_i \ (1 \leqslant i \leqslant n) , \quad a = x_0 < x_1 < \cdots < x_{n-1} < x_n = b ,$$

则平均值为

$$\lim_{n \to \infty} \frac{\sum\limits_{i=1}^n f(x_i)}{n} = \frac{1}{b-a} \lim_{n \to \infty} \frac{\sum\limits_{i=1}^n f(x_i)(b-a)}{n} = \frac{1}{b-a} \int_a^b f(x)\mathrm{d}x.$$

这样就得到了函数 $f(x)$ 在区间 $[a,b]$ 上的平均值公式，即

$$\overline{f(x)} = \frac{1}{b-a} \int_a^b f(x)\mathrm{d}x.$$

平均值公式的理解：将 $f(x)$ 理解为函数 $f(x)$ 在区间 $[a,b]$ 上的高度，平均值则为平均高度，函数 $f(x)$ 在 x 处有高度 $f(x)$，此处宽度为 dx，面积微元为 $f(x)dx$，因而总面积为 $\int_a^b f(x)dx$，总面积可以理解为不同 x 处的不同高度相加的总和（面积= 高度×宽度）. 将总面积除以宽度得平均高度，即函数 $f(x)$ 在区间 $[a,b]$ 上的平均值 $\dfrac{1}{b-a}\int_a^b f(x)dx$.

【例1】 求 $y=xe^x$ 在区间 $[0,1]$ 上的平均值.

解： $\overline{y}=\dfrac{\int_0^1 xe^x dx}{1-0}=\int_0^1 xe^x dx=\int_0^1 x de^x$

$= xe^x\Big|_0^1 - \int_0^1 e^x dx = e - e^x\Big|_0^1 = 1$.

【例2】 求 $y=\sin x$ 在区间 $[0,\pi]$ 上的平均值.

解： $\overline{y}=\dfrac{\int_0^\pi \sin x dx}{\pi-0}=\dfrac{-\cos x\Big|_0^\pi}{\pi-0}=\dfrac{2}{\pi}$.

【例3】 已知某电器通有正弦交流电 $u(t)=U_m\sin\omega t$，电阻为 R，求：①该电器在一个周期上的平均功率 $\overline{P}$；②该电器在功率意义上的平均电压 $\overline{U}$.

解： ① 该电器的一个周期为 $\left[0,\dfrac{2\pi}{\omega}\right]$，平均功率为

$$\overline{P}=\dfrac{\int_0^{\frac{2\pi}{\omega}} (U_m\sin\omega t)^2 dt}{\left(\dfrac{2\pi}{\omega}-0\right)\cdot R}=\dfrac{\omega U_m^2 \int_0^{\frac{2\pi}{\omega}} (\sin\omega t)^2 dt}{2\pi R}$$

$$\overset{\omega t=s}{=}\dfrac{U_m^2 \int_0^{2\pi} (\sin s)^2 ds}{2\pi R}=\dfrac{U_m^2 \int_0^{2\pi}(1-\cos 2s)ds}{4\pi R}$$

$$=\dfrac{U_m^2(2s-\sin 2s)\Big|_0^{2\pi}}{8\pi R}=\dfrac{U_m^2}{2R},$$

易见，平均功率为最大功率 $\dfrac{U_m^2}{R}$ 的一半.

② 由于该电器在功率意义上的平均电压为 $\overline{U}$，因此有 $\dfrac{\overline{U}^2}{R}=\dfrac{U_m^2}{2R}$，化简得

$$\overline{U}=\dfrac{U_m}{\sqrt{2}},$$

即平均电压为最大电压的 $\dfrac{\sqrt{2}}{2}$ 倍.

日常所说的 220V 电压就是指这个功率意义上的平均电压，实际上是频率为 50Hz、最大电压为 $220\sqrt{2} \approx 311V$ 的交流电压.

二、一般曲线的弧长

已知函数 $y = f(x)$ 在区间 $[a,b]$ 上可导，如何求函数 $f(x)$ 在区间 $[a,b]$ 上的长度呢？

在区间 $[x, x + \mathrm{d}x]$ 上取一弧长的微元 $\mathrm{d}s$，如图 6.6 所示.

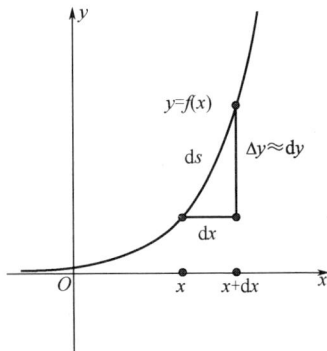

图 6.6

根据勾股定理，有 $\mathrm{d}s = \sqrt{(\mathrm{d}x)^2 + (\mathrm{d}y)^2}$，即弧长微元，它也可化成 $\mathrm{d}s = \sqrt{(\mathrm{d}x)^2 + (\mathrm{d}y)^2} = \sqrt{1 + y'^2}\,\mathrm{d}x$.

因此有弧长公式，即

$$s = \int_a^b \sqrt{(\mathrm{d}x)^2 + (\mathrm{d}y)^2} = \int_a^b \sqrt{1 + y'^2}\,\mathrm{d}x.$$

【例 4】 求 $y = \dfrac{x^2}{2}$ 在区间 $[0,1]$ 上的长度.

解： $s = \int_0^1 \sqrt{1 + y'^2}\,\mathrm{d}x = \int_0^1 \sqrt{1 + x^2}\,\mathrm{d}x$

$\overset{x = \tan t}{=} \int_0^{\frac{\pi}{4}} \sec t\,\mathrm{d}\tan t$

$= \sec t \tan t \Big|_0^{\frac{\pi}{4}} - \int_0^{\frac{\pi}{4}} \tan t\,\mathrm{d}\sec t$

$= \sqrt{2} - \int_0^{\frac{\pi}{4}} \tan^2 t \sec t\,\mathrm{d}t$

$= \sqrt{2} - \int_0^{\frac{\pi}{4}} \sec^3 t\,\mathrm{d}t + \int_0^{\frac{\pi}{4}} \sec t\,\mathrm{d}t$

$= \sqrt{2} - \int_0^{\frac{\pi}{4}} \sec t\,\mathrm{d}\tan t + \ln(\sec t + \tan t)\Big|_0^{\frac{\pi}{4}}$

$$= \sqrt{2} + \ln(\sqrt{2} + 1) - \int_0^{\frac{\pi}{4}} \sec t \mathrm{d}\tan t .$$

移项得 $s = \int_0^1 \sqrt{1 + x^2}\mathrm{d}x = \int_0^{\frac{\pi}{4}} \sec t \mathrm{d}\tan t = \dfrac{\sqrt{2} + \ln(\sqrt{2} + 1)}{2} .$

曲线的弧长公式应用了微元法与导数中以直代曲的思想，包含了微积分思想的精华.

由于一般曲线的弧长都比较难求，所以求曲线的弧长基本都是在列出式子后用软件求近似值的.

习题 6-1

1．求 $y = x^3$ 与 $y = x^{\frac{1}{3}}$ 所围图形的面积.

2．求 $y = \dfrac{1}{x}$、$y = x$ 与 $x = 2$ 所围图形的面积.

3．求 $y = \dfrac{1}{2}x^2$ 与 $x^2 + y^2 = 8$ 所围图形的面积.

4．求 $y = \mathrm{e}^x$、$y = \mathrm{e}^{-x}$ 与 $x = 1$ 所围图形的面积.

5．求 $y^2 = 2x$ 与 $y = x - 4$ 所围图形的面积.

习题 6-2

1．求由 $y = x^3$、$x = 1$ 与 x 轴所围图形绕 x 轴旋转所得旋转体的体积.

2．求 $y = \dfrac{(b-a)x}{h} + a$（$0 \leqslant x \leqslant h$）绕 x 轴旋转所得旋转体的体积，并由此说明圆台体积公式.

3．求由 $y = x^2$ 与 $y^2 = 8x$ 所围图形分别绕 x 轴和 y 轴旋转所得旋转体的体积.

4．试推导球缺的体积公式，设球缺的半径为 r，高为 h.

5．设曲线 L：$y = 1 + \sin x$ 与三条直线 $x = 0$、$x = \pi$ 和 $y = 0$ 围成曲边梯形，求曲线 L 绕 x 轴旋转一周所得旋转体的体积.

6．求 $y = x^2$ 与 $y = x^3$ 所围图形绕 x 轴旋转所得旋转体的体积.

习题 6-3

1．已知一根质量不均匀的绳子的密度为 $\rho(x)$，用定积分将绳子中 $a \leqslant x \leqslant b$ 这部分的质量表示出来.

2．已知弹簧的弹性系数为 k，问：将弹簧从平衡位置拉长 x 要做多少功？

3．一圆柱半径为 R，高为 H，现将圆柱垂直没入水中，求圆柱承受的水压.

4．一圆柱形水池高为 5m，底面半径为 3m，问：将一池子水抽出要做多少功？

5．不计月球引力，试求将一个 $m$kg 的人送上月球要做多少功？已知地球半径为 R=6400km，月球离地球表面距离为 h=380 000km.

6．某企业生产 xt 产品时的边际成本为 $C'(x) = \dfrac{1}{50}x + 30$ （元/t），且固定成本为 900 元，试求产量为多少时平均成本最低？

习题 6-4

1．求 $y = \dfrac{x^2}{2}$ 在区间 $[0,1]$ 上的平均值.

2．求 $y = \ln x$ 在区间 $[1, \mathrm{e}]$ 上的平均值.

3．求 $y = b\sqrt{1 - \dfrac{x^2}{a^2}} \ (a > 0, \ b > 0)$ 在区间 $[0, a]$ 上的平均值.

第七章 向量与空间解析几何初步

在平面解析几何中，通过建立平面直角坐标系，把平面上的点与平面上的二维坐标一一对应，从而可以用平面解析的方法解决平面几何问题.

本章把平面解析的方法推广到空间，在空间中建立三维直角坐标系，先把立方体，即三维空间的点，与三维坐标一一对应，再用空间解析的方法来解决立体几何问题. 同时，本章引入空间向量作为新的工具.

在建立空间坐标、解决立体几体问题之前，首先要学习空间中三维向量的内容，为了方便学习，第一节不引入空间中向量的表示，把空间中向量的表示内容放到第三节.

第一节 向量及其性质

一、向量的概念

定义 既有大小又有方向的量称为向量. 速度、加速度、位移都是向量. 数学中通常通过有向线段来表示向量，向量的方向由有向线段的方向确定，向量的大小由有向线段的长度确定.

有向线段通常加箭头，与普通线段有区别，如图 7.1 所示.

向量可以用大写字母 AB 上加箭头 $\overrightarrow{AB}$ 来表示，其中，A 为向量的起点，B 为向量的终点.

向量也可以用黑体加粗小写字母表示，如 $\boldsymbol{a}$、$\boldsymbol{b}$、$\boldsymbol{c}$，或者用小写字母上加箭头来表示，如 $\vec{a}$、$\vec{r}$、$\vec{v}$.

图 7.1

向量的大小叫作向量的模.

向量 $\boldsymbol{a}$，$\vec{a}$，$\overrightarrow{AB}$ 的模分别记作 $|\boldsymbol{a}|$，$|\vec{a}|$，$|\overrightarrow{AB}|$.

模等于 1 的向量叫作单位向量.

模等于 0 的向量叫作零向量，记作 $\boldsymbol{0}$ 或 $\vec{0}$. 零向量的起点与终点重合，方向可以是任意方向.

两个非零向量如果方向相同或相反，就称这两个向量互相平行. 向量 $\boldsymbol{a}$ 与 $\boldsymbol{b}$ 平行记作 $\boldsymbol{a}//\boldsymbol{b}$. 零向量与任何向量都平行.

二、向量的线性运算

1. 向量的加法

设有两个向量 a 与 b，平移向量 b，使 b 的起点与 a 的终点重合，如图 7.2 所示，此时，从 a 的起点到 b 的终点的向量 c 称为向量 a 与 b 的和，记作 $a+b$，即 $c=a+b$.

上述计算两个向量之和的方法叫作向量加法的三角形法则.

平行四边形法则：当向量 a 与 b 不平行时，平移向量，使 a 与 b 的起点重合，以 a 和 b 为邻边作一平行四边形，从公共起点到对角的向量等于向量 a 与 b 的和 $a+b$，利用平行四边形中的两个三角形进行向量的加法，可以得到 $a+b=b+a$，如图 7.3 所示.

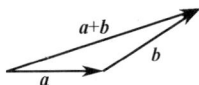

图 7.2

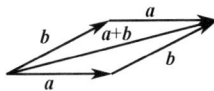

图 7.3

2. 向量的数乘

定义向量 a 与实数 λ 的乘积向量为 λa，规定：λa 的模为 $|\lambda a|=|\lambda||a|$；对于 λa 的方向，当 $\lambda>0$ 时，与 a 的方向一致，当 $\lambda<0$ 时，与 a 的方向相反. 我们称 λa 为实数 λ 与向量 a 的数量乘积，简称实数与向量的数乘.

当 $\lambda=0$ 时，$|\lambda a|=0$，即 λa 为零向量，此时，它的方向是任意的.

特别地，当 $\lambda=\pm1$ 时，有

$$1a=a, \quad (-1)a=-a.$$

实数与向量的数乘有如下运算规律.

（1）结合律.

$$\lambda(\mu a)=\mu(\lambda a)=(\lambda\mu)a.$$

证明：显然，向量 $\lambda(\mu a)$，$\mu(\lambda a)$，$(\lambda\mu)a$ 平行，且

$$|\lambda(\mu a)|=|\mu(\lambda a)|=|(\lambda\mu)a|=|\lambda\mu||a|,$$

因而有

$$\lambda(\mu a)=\mu(\lambda a)=(\lambda\mu)a,$$

证毕.

（2）分配律.

$$(\lambda+\mu)a=\lambda a+\mu a, \quad \lambda(a+b)=\lambda a+\lambda b.$$

3. 向量的减法

显然，可以定义：

$$a-b=a+(-1)b.$$

向量的加法、减法和实数与向量的数乘统称为向量的线性运算.

【例 1】 在平行四边形 $ABCD$ 中，如图 7.4 所示，M 是平行四边形对角线的交点，设 $\overrightarrow{AB}=a$，$\overrightarrow{AD}=b$. 试用 a 和 b 表示向量 $\overrightarrow{MA}$，$\overrightarrow{MB}$，$\overrightarrow{MC}$，$\overrightarrow{MD}$.

解：因为平行四边形的对角线互相平分，所以 $a+b=\overrightarrow{AC}=2\overrightarrow{AM}$，即 $-(a+b)=2\overrightarrow{MA}$，因此，$\overrightarrow{MA}=-\dfrac{1}{2}(a+b)$.

因为 $\overrightarrow{MC}=-\overrightarrow{MA}$，所以 $\overrightarrow{MC}=\dfrac{1}{2}(a+b)$.

又因为 $-a+b=\overrightarrow{BD}=2\overrightarrow{MD}$，所以 $\overrightarrow{MD}=\dfrac{1}{2}(b-a)$.

因为 $\overrightarrow{MB}=-\overrightarrow{MD}$，所以 $\overrightarrow{MB}=\dfrac{1}{2}(a-b)$.

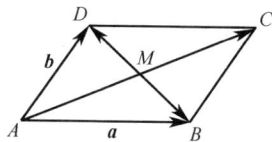

图 7.4

向量的单位化：设 $a\neq0$，则向量 $\dfrac{a}{|a|}$ 是与 a 同方向的单位向量，记为 e_a. 于是 $a=|a|e_a$.

定理 设向量 $a\neq0$，则向量 b 平行于 a 的充分必要条件是：存在唯一的实数 λ，使 $b=\lambda a$.

证明：显然，当 $b=\lambda a$ 时，a 平行于 b.

设 $b/\!/a$，取实数 λ，当 b 与 a 同向时，λ 为正值，当 b 与 a 反向时，λ 为负值，且 $|\lambda|=\dfrac{|b|}{|a|}$，则 b 与 λa 同向，且

$$|\lambda a|=|\lambda||a|=\dfrac{|b|}{|a|}|a|=|b|,$$

因而 $b=\lambda a$.

唯一性：证明实数 λ 的唯一性.

设还存在 $b=\mu a$，令两式相减，得

$$(\lambda-\mu)a=0,$$

即

$$|\lambda-\mu||a|=0,$$

因 $|a|\neq0$，故 $|\lambda-\mu|=0$，即 $\lambda=\mu$.

因此，向量 λa 的大小、方向均唯一确定，即 $b=\lambda a$，无其他向量，证毕.

第二节　空间直角坐标系

一、空间直角坐标系的概念

在空间中取定一点 O 和三个两两垂直的单位向量 i，j，k，如图 7.5 所示，即确定了三条都以 O 为原点的两两垂直的数轴，依次记为 x 轴、y 轴、z 轴，统称为坐标

轴. 它们构成了一个空间直角坐标系，称为空间笛卡儿坐标系，简写为 $Oxyz$ 坐标系.

注意： 通常，$Oxyz$ 坐标系符合右手法则，即以右手握住 z 轴，让右手的四个手指从 x 轴正向以 $90°$ 转向 y 轴正向时，大拇指的指向就是 z 轴的正向，如图 7.6 所示. 其中，满足右手法则的坐标系称为右手直角坐标系. 将右手直角坐标系中的 x 轴、y 轴或 z 轴任意一个的方向取相反方向，则坐标系满足左手法则，称为左手直角坐标系. 一般情况通常取右手直角坐标系.

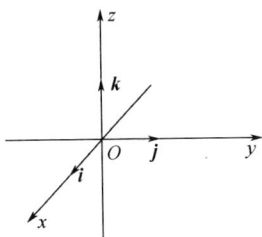

图 7.5

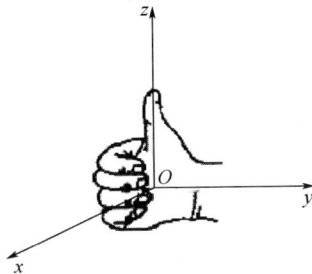

图 7.6

在空间直角坐标系中，任意两个坐标轴可以确定一个平面，该平面称为坐标面.

x 轴与 y 轴所确定的坐标面叫作 xOy 坐标面，y 轴与 z 轴所确定的坐标面叫作 yOz 坐标面，x 轴与 z 轴所确定的坐标面叫作 xOz 坐标面.

三个坐标面把空间分成八部分，每部分都是一个卦限，含有三个正半轴的卦限叫作第一卦限. 整个空间中，在 xOy 坐标面的 z 轴正半轴的上半空间中，其他三个卦限按逆时针方向排列分别为第二卦限、第三卦限和第四卦限. 在 xOy 坐标面的 z 轴负半轴的下半空间中，与第一卦限对应的是第五卦限，剩下的三个卦限按逆时针方向排列分别为第六卦限、第七卦限和第八卦限. 八个卦限用字母 I～VIII 表示，如图 7.7 所示.

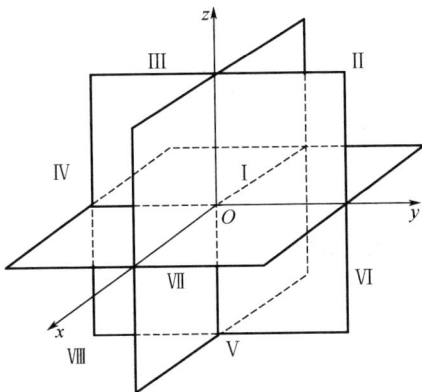

图 7.7

二、空间点的坐标

显然，三维空间中任意点 M 在 $Oxyz$ 坐标系中均可用唯一的坐标 $M(x,y,z)$ 来表示. 如图 7.8 所示，x 代表点 M 到 yOz 坐标面的距离（MB），y 代表点 M 到 xOz 坐标面的距离（MC），z 代表点 M 到 xOy 坐标面的距离（MA）.

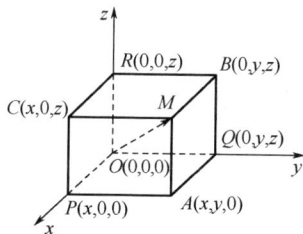

图 7.8

由图 7.8 可知：① 点 M 到原点 O 的距离为 $|MO| = \sqrt{x^2 + y^2 + z^2}$；② 设空间中有两点 $P_1(x_1, y_1, z_1)$ 与 $P_2(x_1, y_1, z_1)$，则两点间的距离为

$$|P_1P_2| = \sqrt{(x_2 - x_1)^2 + (y_2 - y_1)^2 + (z_2 - z_1)^2}.$$

上式称为空间中任意两点间的距离公式.

三、空间直角坐标系中特殊的点、线、面

在空间直角坐标系 $Oxyz$ 中，通过观察可以得到以下结论.

（1）原点 O 的坐标为 $O(0,0,0)$.

（2）x 轴上的点的坐标为 $(x,0,0)$，x 轴上代表单位长度的点的坐标为 $(1,0,0)$.

（3）y 轴上的点的坐标为 $(0,y,0)$，y 轴上代表单位长度的点的坐标为 $(0,1,0)$.

（4）z 轴上的点的坐标为 $(0,0,z)$，z 轴上代表单位长度的点的坐标为 $(0,0,1)$.

（5）yOz 坐标面上的点的坐标为 $(0,y,z)$.

（6）xOy 坐标面上的点的坐标为 $(x,y,0)$.

（7）xOz 坐标面上的点的坐标为 $(x,0,z)$.

大家可以熟记这些结论，熟悉空间直角坐标系.

第三节　空间中向量的表示、方向角与方向余弦

本节首先介绍空间中向量在空间直角坐标系中的表示.

一、空间中向量的表示

把向量放在空间直角坐标系 $Oxyz$ 中，与第二节类似，对于空间中的向量，有以

下结论.

由图 7.8 可知，空间中任一向量 $\boldsymbol{a}$ 均可把起点移到原点，用向量 $\overrightarrow{OM}$ 来表示，而 $\overrightarrow{OM}$ 由点 M 唯一确定，因而可用点 M 的坐标 (x,y,z) 来唯一表示向量 $\boldsymbol{a}$（$\overrightarrow{OM}$），记作 $\boldsymbol{a}=(x,y,z)$.

有三个特殊向量：x 轴上的单位向量 $\boldsymbol{i}=(1,0,0)$；y 轴上的单位向量 $\boldsymbol{j}=(0,1,0)$；z 轴上的单位向量 $\boldsymbol{k}=(0,0,1)$.

大家可以自己练习一下其他向量的表示.

二、空间中向量的分解

空间中任意向量 $\boldsymbol{a}=(x,y,z)=x(1,0,0)+y(0,1,0)+z(0,0,1)=x\boldsymbol{i}+y\boldsymbol{j}+z\boldsymbol{k}$，因而 x，y，z 分别表示向量 $\boldsymbol{a}$ 在三个坐标轴（坐标向量 $\boldsymbol{i}$，$\boldsymbol{j}$，$\boldsymbol{k}$）上的分量. 这种分解称为向量在坐标轴或坐标向量上的正交分解. 显然，这种分解是唯一的，且含义明确.

利用向量的坐标，可得向量的加法、减法和数乘.

设 $\boldsymbol{a}=(a_x,a_y,a_z)$，$\boldsymbol{b}=(b_x,b_y,b_z)$，即 $\boldsymbol{a}=a_x\boldsymbol{i}+a_y\boldsymbol{j}+a_z\boldsymbol{k}$，$\boldsymbol{b}=b_x\boldsymbol{i}+b_y\boldsymbol{j}+b_z\boldsymbol{k}$，则

$$\boldsymbol{a}+\boldsymbol{b}=(a_x\boldsymbol{i}+a_y\boldsymbol{j}+a_z\boldsymbol{k})+(b_x\boldsymbol{i}+b_y\boldsymbol{j}+b_z\boldsymbol{k})$$
$$=(a_x+b_x)\boldsymbol{i}+(a_y+b_y)\boldsymbol{j}+(a_z+b_z)\boldsymbol{k}$$
$$=(a_x+b_x,\ a_y+b_y,\ a_z+b_z).$$

$$\boldsymbol{a}-\boldsymbol{b}=(a_x\boldsymbol{i}+a_y\boldsymbol{j}+a_z\boldsymbol{k})-(b_x\boldsymbol{i}+b_y\boldsymbol{j}+b_z\boldsymbol{k})$$
$$=(a_x-b_x)\boldsymbol{i}+(a_y-b_y)\boldsymbol{j}+(a_z-b_z)\boldsymbol{k}$$
$$=(a_x-b_x,\ a_y-b_y,\ a_z-b_z).$$

$$\lambda\boldsymbol{a}=\lambda(a_x\boldsymbol{i}+a_y\boldsymbol{j}+a_z\boldsymbol{k})$$
$$=(\lambda a_x)\boldsymbol{i}+(\lambda a_y)\boldsymbol{j}+(\lambda a_z)\boldsymbol{k}$$
$$=(\lambda a_x,\ \lambda a_y,\ \lambda a_z).$$

由此可见，对向量进行加法、减法和数乘，只需对向量的各坐标分别进行相应的数量运算即可.

利用向量的坐标判断两个向量的平行：设 $\boldsymbol{a}=(a_x,a_y,a_z)\neq\boldsymbol{0}$，$\boldsymbol{b}=(b_x,b_y,b_z)$，$\boldsymbol{b}/\!/\boldsymbol{a}\Leftrightarrow\boldsymbol{b}=\lambda\boldsymbol{a}$，即 $\boldsymbol{b}/\!/\boldsymbol{a}\Leftrightarrow(b_x,b_y,b_z)=\lambda(a_x,a_y,a_z)$，得

$$\frac{b_x}{a_x}=\frac{b_y}{a_y}=\frac{b_z}{a_z}.$$

【例1】 求解以向量为未知元的线性方程组 $\begin{cases}5\boldsymbol{x}-3\boldsymbol{y}=\boldsymbol{a},\\3\boldsymbol{x}-2\boldsymbol{y}=\boldsymbol{b}.\end{cases}$ 其中，$\boldsymbol{a}=(2,1,2)$，$\boldsymbol{b}=(-1,1,-2)$.

解：类似于解二元一次线性方程组，可得

$$x=2a-3b,\quad y=3a-5b.$$

注意：在解的过程中，形式相同但变量含义不同．

把 a、b 的坐标表示式代入，得

$$x=2(2,1,2)-3(-1,1,-2)=(7,-1,10),$$
$$y=3(2,1,2)-5(-1,1,-2)=(11,-2,16).$$

【例 2】 已知两点 $A(x_1,y_1,z_1)$ 和 $B(x_2,y_2,z_2)$，以及实数 $\lambda\neq-1$，在直线 AB 上求一点 M，使 $\overrightarrow{AM}=\lambda\overrightarrow{MB}$，如图 7.9 所示．

解：方法一：由于 $\overrightarrow{AM}=\overrightarrow{OM}-\overrightarrow{OA}$，$\overrightarrow{MB}=\overrightarrow{OB}-\overrightarrow{OM}$，因此 $\overrightarrow{OM}-\overrightarrow{OA}=\lambda(\overrightarrow{OB}-\overrightarrow{OM})$，从而有

$$\overrightarrow{OM}=\frac{1}{1+\lambda}(\overrightarrow{OA}+\lambda\overrightarrow{OB})=\left(\frac{x_1+\lambda x_2}{1+\lambda},\ \frac{y_1+\lambda y_2}{1+\lambda},\ \frac{z_1+\lambda z_2}{1+\lambda}\right),$$

即点 M 的坐标．

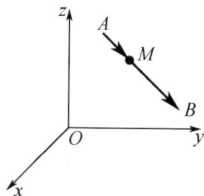

图 7.9

方法二：设所求点为 $M(x,y,z)$，则

$$\overrightarrow{AM}=(x-x_1,\ y-y_1,\ z-z_1),\quad \overrightarrow{MB}=(x_2-x,\ y_2-y,\ z_2-z),$$

依题意有 $\overrightarrow{AM}=\lambda\overrightarrow{MB}$，即

$$(x-x_1,\ y-y_1,\ z-z_1)=\lambda(x_2-x,\ y_2-y,\ z_2-z),$$
$$(x,y,z)-(x_1,y_1,z_1)=\lambda(x_2,y_2,z_2)-\lambda(x,y,z),$$
$$(x,y,z)=\frac{1}{1+\lambda}(x_1+\lambda x_2,\ y_1+\lambda y_2,\ z_1+\lambda z_2),$$

因此，$x=\dfrac{x_1+\lambda x_2}{1+\lambda}$，$y=\dfrac{y_1+\lambda y_2}{1+\lambda}$，$z=\dfrac{z_1+\lambda z_2}{1+\lambda}$．

点 M 称为有向线段 $\overrightarrow{AB}$ 的定比分点（λ 分点）．当 $\lambda=1$ 时，点 M 为有向线段 $\overrightarrow{AB}$ 的中点，其坐标为 $x=\dfrac{x_1+x_2}{2}$，$y=\dfrac{y_1+y_2}{2}$，$z=\dfrac{z_1+z_2}{2}$．

通过本例，应注意以下两点．

（1）由于点 M 与向量 $\overrightarrow{OM}$ 有相同的坐标，因此，求点 M 的坐标就是求 $\overrightarrow{OM}$ 的坐标．

（2）坐标 (x,y,z) 既可表示点 M，又可表示向量 $\overrightarrow{OM}$，在立体几何中，点与向量是两个不同的概念，不可混淆．因此，在看到 (x,y,z) 时，必须根据上下文去辨别它是表示点还是表示向量．当 (x,y,z) 表示向量时，可对它进行运算；当 (x,y,z) 表示点时，不可进行运算．

三、方向角与方向余弦

把两个非零向量 a 与 b 的起点移到同一点，两个向量之间不超过 π 的夹角称为向

量 **a** 与 **b** 的夹角，记作 $(\overset{\wedge}{a,b})$ 或 $(\overset{\wedge}{b,a})$，如图 7.10 所示. 如果向量 **a** 与 **b** 中有一个是零向量，则规定它们的夹角可以是 0 与 π 之间的任意值.

另外，规定向量与 x 轴的夹角为向量和坐标向量 **i** 的夹角，与其余轴的夹角规定类似.

非零向量 **r** 与三条坐标轴的夹角 α、β、γ 称为向量 **r** 的方向角.

由图 7.11 可知，设 $\overrightarrow{OM} = \boldsymbol{r} = (x, y, z)$，则

$$x = |\boldsymbol{r}|\cos\alpha, \quad y = |\boldsymbol{r}|\cos\beta, \quad z = |\boldsymbol{r}|\cos\gamma.$$

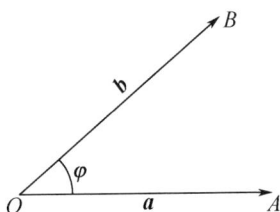

图 7.10

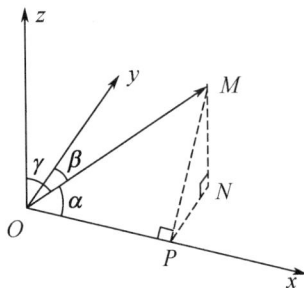

图 7.11

$\cos\alpha$，$\cos\beta$，$\cos\gamma$ 称为向量 **r** 的方向余弦，即

$$\cos\alpha = \frac{x}{|\boldsymbol{r}|}, \quad \cos\beta = \frac{y}{|\boldsymbol{r}|}, \quad \cos\gamma = \frac{z}{|\boldsymbol{r}|}.$$

从而有

$$(\cos\alpha, \cos\beta, \cos\gamma) = \frac{1}{|\boldsymbol{r}|}\boldsymbol{r} = \boldsymbol{e}_r.$$

上式表明，以向量 **r** 的方向余弦为坐标的向量是与向量 **r** 同方向的单位向量 $\boldsymbol{e}_r$. 因此，方向余弦满足

$$\cos^2\alpha + \cos^2\beta + \cos^2\gamma = 1.$$

【例 3】 已知两点 $A(2, 2, \sqrt{2})$ 和 $B(1, 3, 0)$，计算向量 $\overrightarrow{AB}$ 的模、方向余弦和方向角.

解： $$\overrightarrow{AB} = (1-2, \ 3-2, \ 0-\sqrt{2}) = (-1, \ 1, \ -\sqrt{2}),$$

$$|\overrightarrow{AB}| = \sqrt{(-1)^2 + 1^2 + (-\sqrt{2})^2} = 2,$$

得 $\cos\alpha = -\dfrac{1}{2}$，$\cos\beta = \dfrac{1}{2}$，$\cos\gamma = -\dfrac{\sqrt{2}}{2}$，因此 $\alpha = \dfrac{2\pi}{3}$，$\beta = \dfrac{\pi}{3}$，$\gamma = \dfrac{3\pi}{4}$.

【例 4】 设点 A 位于第一卦限，向量 $\overrightarrow{OA}$ 与 x 轴、y 轴的夹角依次为 $\dfrac{\pi}{3}$ 和 $\dfrac{\pi}{4}$，且 $|\overrightarrow{OA}| = 6$，求点 A 的坐标.

解：由于 $\alpha = \dfrac{\pi}{3}$， $\beta = \dfrac{\pi}{4}$， 又 $\cos^2\alpha + \cos^2\beta + \cos^2\gamma = 1$， 因此得

$$\cos^2\gamma = 1 - \cos^2\alpha - \cos^2\beta = 1 - \left(\dfrac{1}{2}\right)^2 - \left(\dfrac{\sqrt{2}}{2}\right)^2 = \dfrac{1}{4},$$

又因点 A 在第一卦限， $\cos\gamma > 0$， 故 $\gamma = \dfrac{\pi}{3}$.

四、向量在轴上的投影

设点 O 和单位向量 $\boldsymbol{e}$ 确定在 u 轴上，如图 7.12 所示.

任给向量 $\boldsymbol{r}$，使 $\overrightarrow{OM} = \boldsymbol{r}$，过点 M 作与 u 轴垂直的平面交 u 轴于点 M'（点 M 在 u 轴上的投影），则向量 $\overrightarrow{OM'}$ 称为向量 $\boldsymbol{r}$ 在 u 轴上的分向量. 设 $\overrightarrow{OM'} = \lambda\boldsymbol{e}$，则实数 λ 称为向量 $\boldsymbol{r}$ 在 u 轴上的投影，记作 $\mathrm{Prj}_u\boldsymbol{r}$ 或 $(\boldsymbol{r})_u$.

按此定义，向量 $\boldsymbol{a}$ 在空间直角坐标系 $Oxyz$ 中的坐标 a_x、a_y、a_z 是向量 $\boldsymbol{a}$ 在三条坐标轴上的投影，即

$$a_x = \mathrm{Prj}_x\boldsymbol{a}, \quad a_y = \mathrm{Prj}_y\boldsymbol{a}, \quad a_z = \mathrm{Prj}_z\boldsymbol{a},$$

或者记作

$$a_x = (\boldsymbol{a})_x, \quad a_y = (\boldsymbol{a})_y, \quad a_z = (\boldsymbol{a})_z.$$

投影的性质如下.

性质 1 $(\boldsymbol{a})_u = |\boldsymbol{a}|\cos\varphi$，即 $\mathrm{Prj}_u\boldsymbol{a} = |\boldsymbol{a}|\cos\varphi$，其中，$\varphi$ 为向量 $\boldsymbol{a}$ 与 u 轴的夹角.

性质 2 $(\boldsymbol{a}+\boldsymbol{b})_u = (\boldsymbol{a})_u + (\boldsymbol{b})_u$，即 $\mathrm{Prj}_u(\boldsymbol{a}+\boldsymbol{b}) = \mathrm{Prj}_u\boldsymbol{a} + \mathrm{Prj}_u\boldsymbol{b}$.

性质 3 $(\lambda\boldsymbol{a})_u = \lambda(\boldsymbol{a})_u$，即 $\mathrm{Prj}_u(\lambda\boldsymbol{a}) = \lambda\mathrm{Prj}_u\boldsymbol{a}$.

【例 5】 设立方体的一条对角线为 OM，一条棱为 OA，且 $|OA| = a$，求 $\overrightarrow{OA}$ 在 $\overrightarrow{OM}$ 方向上的投影 $\mathrm{Prj}_{\overrightarrow{OM}}\overrightarrow{OA}$，如图 7.13 所示.

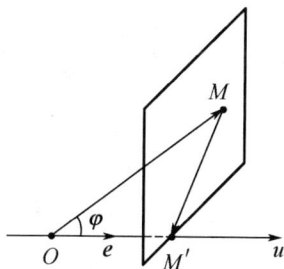

图 7.12

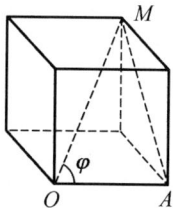

图 7.13

解：记 $\angle MOA = \varphi$，有

$$\cos\varphi = \dfrac{|OA|}{|OM|} = \dfrac{1}{\sqrt{3}},$$

因此

$$\mathrm{Prj}_{\overrightarrow{OM}}\overrightarrow{OA} = |\overrightarrow{OA}|\cos\varphi = \frac{a}{\sqrt{3}}.$$

第四节　向量的数量积与向量积

一、两向量的数量积

设一物体在恒力 F 的作用下沿直线从点 M 移动到点 M_2，以 s 表示位移. 由物理学可知，力 F 所做的功为

$$W = |\vec{F}||\vec{s}|\cos\theta,$$

其中，θ 为 $\vec{F}$ 与 $\vec{s}$ 的夹角（见图 7.14）.

从这个问题上看，有时要对两个向量 a 和 b 进行此种运算，即运算的结果是一个数，等于 $|a|$、$|b|$ 和它们的夹角 θ 的余弦的乘积，如图 7.15 所示，叫作向量 a 和 b 的数量积，记作 $a\cdot b$，即

$$a\cdot b = |a||b|\cos\theta.$$

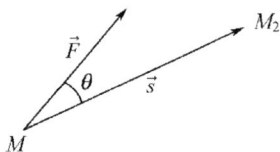

图 7.14

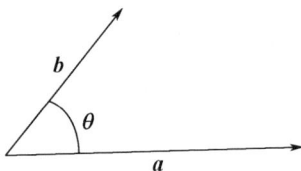

图 7.15

根据这个定义，上述问题中力所做的功 W 是力 F 与位移 s 的数量积，即

$$W = F\cdot s$$

由于 $|b|\cos\theta = |b|\cos(\overset{\wedge}{a,b})$，因此，当 $a\neq 0$ 时，$|b|\cos(\overset{\wedge}{a,b})$ 是向量 b 在向量 a 的方向上的投影，即

$$a\cdot b = |a|\mathrm{Prj}_a b.$$

同理，当 $b\neq 0$ 时，$a\cdot b = |b|\mathrm{Prj}_b a$，即两向量的数量积等于其中一个向量的模与另一个向量在这个向量方向上的投影的乘积.

由数量积的性质可以得到以下两点.

（1）$a\cdot a = |a|^2$. 因为此时夹角 $\theta = 0°$.

（2）对于两个非零向量 a 和 b，如果 $a\cdot b = 0$，则 $a\perp b$；反之，如果 $a\perp b$，则 $a\cdot b = 0$.

因为如果 $a\cdot b = 0$，由于 $|a|\neq 0$，$|b|\neq 0$，因此 $\cos\theta = 0$，则 $\theta = \dfrac{\pi}{2}$，即 $a\perp b$；反之，

如果 $a\perp b$，则 $\theta=\dfrac{\pi}{2}$，$\cos\theta=0$，因此 $a\cdot b=|a||b|\cos\theta=0$.

由于可以认为零向量与任何向量都垂直，因此上述结论可叙述为

$$a\perp b\Leftrightarrow a\cdot b=0.$$

数量积符合下列运算律.

（1）交换律：$a\cdot b=b\cdot a$.

证明：根据定义有

$$a\cdot b=|a||b|\cos(\hat{a,b})，\quad b\cdot a=|b||a|\cos(\hat{b,a})，$$

因为

$$|a||b|=|b||a|，\quad \cos(\hat{a,b})=\cos(\hat{b,a})，$$

所以

$$a\cdot b=b\cdot a，$$

证毕.

（2）分配律：$(a+b)\cdot c=a\cdot c+b\cdot c$.

证明：当 $c=0$ 时，上式显然成立.

当 $c\neq 0$ 时，有

$$
\begin{aligned}
(a+b)\cdot c&=|c|\mathrm{Prj}_c(a+b)\\
&=|c|(\mathrm{Prj}_c a+\mathrm{Prj}_c b)\\
&=|c|\mathrm{Prj}_c a+|c|\mathrm{Prj}_c b\\
&=a\cdot c+b\cdot c，
\end{aligned}
$$

证毕.

（3）结合律：$(\lambda a)\cdot b=a\cdot(\lambda b)=\lambda(a\cdot b)$（$\lambda$ 为实数）.

证明：当 $b=0$ 时，上式显然成立.

当 $b\neq 0$ 时，按投影的性质 3，可得

$$(\lambda a)\cdot b=|b|\mathrm{Prj}_b(\lambda a)=\lambda|b|\mathrm{Prj}_b a=\lambda\, a\cdot b，$$

证毕.

由上述结合律，利用交换律，容易得

$$a\cdot(\lambda b)=\lambda(a\cdot b)，\quad (\lambda a)\cdot(\mu b)=\lambda\mu(a\cdot b).$$

【例 1】　试用向量证明三角形的余弦定理.

证明：设在 $\triangle ABC$ 中，$\angle BCA=\theta$（见图 7.16），$|BC|=a$，$|CA|=b$，$|AB|=c$，要证

$$c^2=a^2+b^2-2ab\cos\theta，$$

记 $\overrightarrow{CB}=a$，$\overrightarrow{CA}=b$，$\overrightarrow{AB}=c$，则有

$$c=a-b，$$

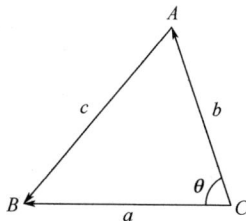

图 7.16

从而

$$|\boldsymbol{c}|^2=\boldsymbol{c}\cdot\boldsymbol{c}=(\boldsymbol{a}-\boldsymbol{b})\cdot(\boldsymbol{a}-\boldsymbol{b})=\boldsymbol{a}\cdot\boldsymbol{a}+\boldsymbol{b}\cdot\boldsymbol{b}-2\boldsymbol{a}\cdot\boldsymbol{b}=|\boldsymbol{a}|^2|\boldsymbol{b}|^2-2|\boldsymbol{a}||\boldsymbol{b}|\cos(\hat{\boldsymbol{a},\boldsymbol{b}}) ，$$

即

$$c^2=a^2+b^2-2ab\cos\theta,$$

证毕.

下面推导数量积的坐标表示式.

设 $\boldsymbol{a}=(a_x, a_y, a_z)$，$\boldsymbol{b}=(b_x, b_y, b_z)$. 按数量积的运算律得

$$\boldsymbol{a}\cdot\boldsymbol{b}=(a_x\boldsymbol{i}+a_y\boldsymbol{j}+a_z\boldsymbol{k})\cdot(b_x\boldsymbol{i}+b_y\boldsymbol{j}+b_z\boldsymbol{k})$$
$$=a_xb_x\boldsymbol{i}\cdot\boldsymbol{i}+a_xb_y\boldsymbol{i}\cdot\boldsymbol{j}+a_xb_z\boldsymbol{i}\cdot\boldsymbol{k}+$$
$$a_yb_x\boldsymbol{j}\cdot\boldsymbol{i}+a_yb_y\boldsymbol{j}\cdot\boldsymbol{j}+a_yb_z\boldsymbol{j}\cdot\boldsymbol{k}+$$
$$a_zb_x\boldsymbol{k}\cdot\boldsymbol{i}+a_zb_y\boldsymbol{k}\cdot\boldsymbol{j}+a_zb_z\boldsymbol{k}\cdot\boldsymbol{k}.$$

由于 $\boldsymbol{i}$，$\boldsymbol{j}$，$\boldsymbol{k}$ 相互垂直，所以 $\boldsymbol{i}\cdot\boldsymbol{j}=\boldsymbol{j}\cdot\boldsymbol{k}=\boldsymbol{k}\cdot\boldsymbol{i}=0$. 由于 $\boldsymbol{i}$，$\boldsymbol{j}$，$\boldsymbol{k}$ 的模均为 1，所以 $\boldsymbol{i}\cdot\boldsymbol{i}=\boldsymbol{j}\cdot\boldsymbol{j}=\boldsymbol{k}\cdot\boldsymbol{k}=1$. 因而有

$$\boldsymbol{a}\cdot\boldsymbol{b}=a_xb_x+a_yb_y+a_zb_z.$$

这就是两向量的数量积坐标表示式.

由于 $\boldsymbol{a}\cdot\boldsymbol{b}=|\boldsymbol{a}||\boldsymbol{b}|\cos\theta$，所以当 $\boldsymbol{a}$ 和 $\boldsymbol{b}$ 都不是零向量时，有

$$\cos\theta=\frac{\boldsymbol{a}\cdot\boldsymbol{b}}{|\boldsymbol{a}||\boldsymbol{b}|}=\frac{a_xb_x+a_yb_y+a_zb_z}{\sqrt{a_x^2+a_y^2+a_z^2}\sqrt{b_x^2+b_y^2+b_z^2}}.$$

这就是两向量夹角余弦的坐标表示式.

【例 2】 已知 $M(1,1,1)$、$A(2,2,1)$ 和 $B(2,1,2)$ 三点，求 $\angle AMB$.

解：从点 M 到点 A 的向量记为 $\boldsymbol{a}$，从点 M 到点 B 的向量记为 $\boldsymbol{b}$，则 $\angle AMB$ 是向量 $\boldsymbol{a}$ 与 $\boldsymbol{b}$ 的夹角. 其中

$$\boldsymbol{a}=(1,1,0)，\quad \boldsymbol{b}=(1,0,1).$$

因为

$$\boldsymbol{a}\cdot\boldsymbol{b}=1\times1+1\times0+0\times1=1，$$
$$|\boldsymbol{a}|=\sqrt{1^2+1^2+0^2}=\sqrt{2}，$$
$$|\boldsymbol{b}|=\sqrt{1^2+0^2+1^2}=\sqrt{2}，$$

所以

$$\cos\angle AMB=\frac{\boldsymbol{a}\cdot\boldsymbol{b}}{|\boldsymbol{a}||\boldsymbol{b}|}=\frac{1}{\sqrt{2}\cdot\sqrt{2}}=\frac{1}{2}，$$

从而

$$\angle AMB = \frac{\pi}{3}.$$

二、两向量的向量积

在研究物体转动问题时，不仅要考虑此物体所受的力，还要分析这些力产生的力矩.

设 O 为一根杠杆 L 的支点，有一个力 $\boldsymbol{F}$ 作用在此杠杆上的 P 点处，$\boldsymbol{F}$ 与 $\overrightarrow{OP}$ 的夹角为 θ，如图 7.17 所示. 根据力学原理，力 $\boldsymbol{F}$ 对支点 O 的力矩是一向量 $\boldsymbol{M}$，它的模为

$$|\boldsymbol{M}| = |\overrightarrow{OP}||\boldsymbol{F}|\sin\theta,$$

而 $\boldsymbol{M}$ 的方向垂直于 $\overrightarrow{OP}$ 与 $\boldsymbol{F}$ 所决定的平面，$\boldsymbol{M}$ 的指向是按右手法则来确定的，即当右手的四个手指从 $\overrightarrow{OP}$ 以不超过 π 的角转向 $\boldsymbol{F}$ 握拳时，大拇指的指向就是 $\boldsymbol{M}$ 的指向（见图 7.18）.

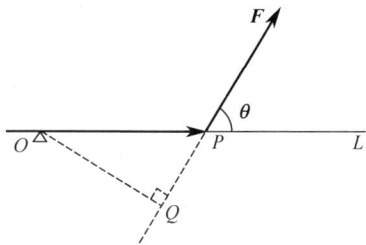

图 7.17

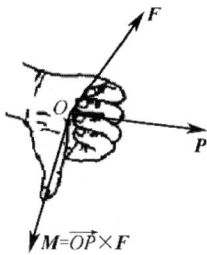

图 7.18

这种由两个已知向量按上面的右手法则来确定另一个向量的情况，在其他力学和物理学问题中也会遇到. 因此，从中抽象出了两向量的向量积概念.

设向量 $\boldsymbol{c}$ 由向量 $\boldsymbol{a}$ 与 $\boldsymbol{b}$ 按下列方式给出.

（1）向量 $\boldsymbol{c}$ 的模为 $|\boldsymbol{c}|=|\boldsymbol{a}||\boldsymbol{b}|\sin\theta$，其中，$\theta$ 为向量 $\boldsymbol{a}$ 与 $\boldsymbol{b}$ 间的夹角.

（2）向量 $\boldsymbol{c}$ 的方向垂直于向量 $\boldsymbol{a}$ 与 $\boldsymbol{b}$ 所决定的平面，向量 $\boldsymbol{c}$ 的指向按右手法则从向量 $\boldsymbol{a}$ 转向向量 $\boldsymbol{b}$ 来确定（见图 7.19）.

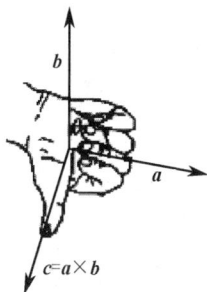

图 7.19

向量 $\boldsymbol{c}$ 叫作向量 $\boldsymbol{a}$ 与 $\boldsymbol{b}$ 的向量积，记作 $\boldsymbol{a}\times\boldsymbol{b}$，即

$$\boldsymbol{c}=\boldsymbol{a}\times\boldsymbol{b}.$$

根据向量积的定义，力矩 $\boldsymbol{M}$ 等于 $\overrightarrow{OP}$ 与 $\boldsymbol{F}$ 的向量积，即

$$\boldsymbol{M} = \overrightarrow{OP}\times\boldsymbol{F}.$$

由向量积的定义可以推出：①$a \times a = 0$；②对于两个非零向量 a 与 b，如果 $a \times b = 0$，则 $a // b$；如果 $a // b$，则 $a \times b = 0$.

如果认为零向量与任何向量都平行，则 $a // b \Leftrightarrow a \times b = 0$.

向量积符合下列运算规律.

（1）交换律：$a \times b = -b \times a$.

（2）分配律：$(a + b) \times c = a \times c + b \times c$.

（3）结合律：$(\lambda a) \times b = a \times (\lambda b) = \lambda (a \times b)$（$\lambda$ 为实数）.

下面推导向量积的坐标表示式.

设 $a = a_x i + a_y j + a_z k$，$b = b_x i + b_y j + b_z k$. 按向量积的运算律可得

$$a \times b = (a_x i + a_y j + a_z k) \times (b_x i + b_y j + b_z k)$$
$$= a_x b_x i \times i + a_x b_y i \times j + a_x b_z i \times k +$$
$$a_y b_x j \times i + a_y b_y j \times j + a_y b_z j \times k +$$
$$a_z b_x k \times i + a_z b_y k \times j + a_z b_z k \times k.$$

由于 $i \times i = j \times j = k \times k = 0$，$i \times j = k$，$j \times k = i$，$k \times i = j$，所以

$$a \times b = (a_y b_z - a_z b_y) i + (a_z b_x - a_x b_z) j + (a_x b_y - a_y b_x) k.$$

为了帮助记忆，利用三阶行列式符号，上式可写为

$$a \times b = \begin{vmatrix} i & j & k \\ a_x & a_y & a_z \\ b_x & b_y & b_z \end{vmatrix} = a_y b_z i + a_z b_x j + a_x b_y k - a_y b_x k - a_x b_z j - a_z b_y i$$

$$= (a_y b_z - a_z b_y) i + (a_z b_x - a_x b_z) j + (a_x b_y - a_y b_x) k.$$

注意：三阶行列式的定义与性质见第八章，这里只用到最基本的计算，即上面的展开式.

【例 3】 设 $a = (2, 1, -1)$，$b = (1, -1, 2)$，计算 $a \times b$.

解：
$$a \times b = \begin{vmatrix} i & j & k \\ 2 & 1 & -1 \\ 1 & -1 & 2 \end{vmatrix} = 2i - j - 2k - k - 4j - i = i - 5j - 3k.$$

【例 4】 已知三角形 ABC 的顶点分别是 $A(1,2,3)$、$B(3,4,5)$、$C(2,4,7)$，求三角形 ABC 的面积.

解：根据向量积的定义，可知三角形 ABC 的面积为

$$S_{\triangle ABC} = \frac{1}{2} | \overrightarrow{AB} \, || \, \overrightarrow{AC} | \sin \angle A = \frac{1}{2} | \overrightarrow{AB} \times \overrightarrow{AC} |.$$

由于 $\overrightarrow{AB} = (2, 2, 2)$，$\overrightarrow{AC} = (1, 2, 4)$，所以

$$\overrightarrow{AB} \times \overrightarrow{AC} = \begin{vmatrix} \boldsymbol{i} & \boldsymbol{j} & \boldsymbol{k} \\ 2 & 2 & 2 \\ 1 & 2 & 4 \end{vmatrix} = 4\boldsymbol{i} - 6\boldsymbol{j} + 2\boldsymbol{k}.$$

因此 $S_{\triangle ABC} = \dfrac{1}{2} | 4\boldsymbol{i} - 6\boldsymbol{j} + 2\boldsymbol{k} | = \dfrac{1}{2} \sqrt{4^2 + (-6)^2 + 2^2} = \sqrt{14}$.

第五节　平面及其方程

在本节和下一节中，将以向量为工具，在空间直角坐标系中讨论最简单的曲面和曲线，即平面和直线.

一、平面的点法式方程

如果一非零向量垂直于一平面，那么该向量叫作该平面的法线向量. 容易知道，平面上的任一向量均与该平面的法线向量垂直.

因为过空间一点可以作且只能作一个平面垂直于一条已知直线，所以当平面 $\varPi$ 上一点 $M_0(x_0, y_0, z_0)$ 和它的一个法线向量 $\boldsymbol{n}=(A, B, C)$ 已知时，平面 $\varPi$ 的位置就完全确定了. 下面建立平面 $\varPi$ 的方程.

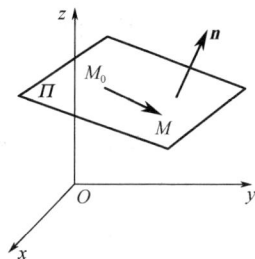

图 7.20

设 $M(x, y, z)$ 是平面 $\varPi$ 上的任一点（见图 7.20），则向量 $\overrightarrow{M_0M}$ 必与平面 $\varPi$ 的法线向量 $\boldsymbol{n}$ 垂直，即它们的数量积等于零：

$$\boldsymbol{n} \cdot \overrightarrow{M_0M} = 0 .$$

由于 $\boldsymbol{n}=(A, B, C)$，$\overrightarrow{M_0M} = (x - x_0, y - y_0, z - z_0)$，所以有

$$A(x-x_0) + B(y-y_0) + C(z-z_0) = 0. \tag{7.1}$$

这就是平面 $\varPi$ 上任一点 M 的坐标 x，y，z 所满足的方程.

反过来，如果 $M(x, y, z)$ 不在平面 $\varPi$ 上，那么向量 $\overrightarrow{M_0M}$ 与法线向量 $\boldsymbol{n}$ 不垂直，从而 $\boldsymbol{n} \cdot \overrightarrow{M_0M} \neq 0$，即不在平面 $\varPi$ 上的点 M 的坐标 x，y，z 不满足式（7.1）.

由此可知，平面 $\varPi$ 上的任一点的坐标 x，y，z 都满足式（7.1），不在平面 $\varPi$ 上的点的坐标都不满足式（7.1）. 因此，式（7.1）就是平面 $\varPi$ 的方程，而平面 $\varPi$ 是式（7.1）的图形. 由于式（7.1）是由平面 $\varPi$ 上的一点 $M_0(x_0, y_0, z_0)$ 及它的一个法线向量 $\boldsymbol{n}=(A, B, C)$ 确定的，所以式（7.1）叫作平面的点法式方程.

【例 1】　求过点 $(2, -3, 0)$ 且以 $\boldsymbol{n}=(1, -2, 3)$ 为法线向量的平面的方程.

解：根据平面的点法式方程，所求平面的方程为

$$(x-2) - 2(y+3) + 3z = 0,$$

即

$x-2y+3z-8=0$.

【例 2】 求过三点 $M_1(2,-1,4)$、$M_2(-1,3,-2)$ 和 $M_3(0,2,3)$ 的平面的方程.

解：先找出此平面的法线向量 $\boldsymbol{n}$. 由于法线向量 $\boldsymbol{n}$ 与向量 $\overrightarrow{M_1M_2}$，$\overrightarrow{M_1M_3}$ 都垂直，而 $\overrightarrow{M_1M_2}=(-3,4,-6)$，$\overrightarrow{M_1M_3}=(-2,3,-1)$，所以可取它们的向量积为法线向量 $\boldsymbol{n}$，即

$$\boldsymbol{n}=\overrightarrow{M_1M_2}\times\overrightarrow{M_1M_3}=\begin{vmatrix} \boldsymbol{i} & \boldsymbol{j} & \boldsymbol{k} \\ -3 & 4 & -6 \\ -2 & 3 & -1 \end{vmatrix}$$

$$=14\boldsymbol{i}+9\boldsymbol{j}-\boldsymbol{k}.$$

根据平面的点法式方程，所求平面的方程为

$$14(x-2)+9(y+1)-(z-4)=0,$$

即

$$14x+9y-z-15=0.$$

二、平面的一般方程

由于平面的点法式方程是 x,y,z 的一次方程，而任一平面都可以用它上面的一点及它的法线向量来确定，即任一平面都可以用三元一次方程来表示.

反过来，设有三元一次方程，即

$$Ax+By+Cz+D=0, \tag{7.2}$$

任取满足该方程的一组数 x_0，y_0，z_0，即

$$Ax_0+By_0+Cz_0+D=0, \tag{7.3}$$

把上述两等式相减，得

$$A(x-x_0)+B(y-y_0)+C(z-z_0)=0. \tag{7.4}$$

把式（7.4）与平面的点法式方程做比较，可以知道式（7.4）是通过点 $M_0(x_0,y_0,z_0)$ 且以 $\boldsymbol{n}=(A,B,C)$ 为法线向量的平面的方程. 但式（7.2）与式（7.4）同解，这是因为式（7.2）减式（7.3）得式（7.4），又由式（7.4）加式（7.3）可得式（7.2）. 由此可知，任一三元一次方程的图形总是一个平面，式（7.2）称为平面的一般方程，其中，x，y，z 的系数是该平面的一个法线向量 $\boldsymbol{n}$ 的坐标，即 $\boldsymbol{n}=(A,B,C)$.

例如，方程 $3x-4y+z-9=0$ 表示一个平面，$\boldsymbol{n}=(3,-4,1)$ 是该平面的一个法线向量.

对于一些特殊的三元一次方程，应该熟悉它们的图形的特点.

（1）当 $D=0$ 时，式（7.2）为 $Ax+By+Cz=0$，方程表示一个通过原点的平面.

（2）当 $A=0$ 时，式（7.2）为 $By+Cz+D=0$，法线向量 $\boldsymbol{n}=(0,B,C)$ 垂直于 x 轴，方程表示一个平行于 x 轴的平面.

同样，方程 $Ax+Cz+D=0$ 和 $Ax+By+D=0$ 分别表示平行于 y 轴与 z 轴的平面.

（3）当 $A=B=0$ 时，式（7.2）为 $Cz+D=0$ 或 $z=-\dfrac{D}{C}$，法线向量 $\boldsymbol{n}=(0,0,C)$ 同时垂直于 x 轴和 y 轴，方程表示平行于 xOy 面的平面.

同样，方程 $Ax+D=0$ 和 $By+D=0$ 分别表示平行于 yOz 面与 xOz 面的平面.

【例3】　求通过 x 轴和点 $(4,-3,-1)$ 的平面的方程.

解：由于平面通过 x 轴，所以方程的法线向量垂直于 x 轴，因此，法线向量在 x 轴上的投影为零，即 $A=0$. 又由平面通过 x 轴可知，方程必通过原点，于是 $D=0$. 因此可设此平面的方程为

$$By+Cz=0.$$

又因为此平面通过点 $(4,-3,-1)$，所以有

$$-3B-C=0 \text{ 或 } C=-3B,$$

代入所设方程并除以 $B(B\neq0)$，得所求平面的方程为

$$y-3z=0.$$

【例4】　设一平面与 x 轴、y 轴、z 轴的交点依次为 $P(a,0,0)$，$Q(0,b,0)$，$R(0,0,c)$（见图 7.21），求此平面的方程（其中 $a\neq0$，$b\neq0$，$c\neq0$）.

解：设所求平面的方程为

$$Ax+By+Cz+D=0.$$

因为 $P(a,0,0)$，$Q(0,b,0)$，$R(0,0,c)$ 三点都在此平面上，所以点 P，Q，R 的坐标都满足所设方程，即

$$\begin{cases} aA+D=0, \\ bB+D=0, \\ cC+D=0, \end{cases}$$

得 $A=-\dfrac{D}{a}$，$B=-\dfrac{D}{b}$，$C=-\dfrac{D}{c}$.

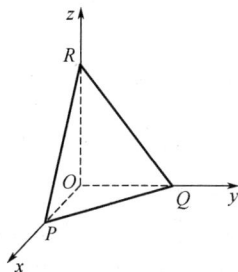

图 7.21

代入所设方程，得

$$-\frac{D}{a}x-\frac{D}{b}y-\frac{D}{c}z+D=0,$$

除以 D（$D\neq0$），得所求平面的方程为

$$\frac{x}{a}+\frac{y}{b}+\frac{z}{c}=1. \tag{7.5}$$

式（7.5）叫作平面的截距式方程，而 a，b，c 分别为平面在 x 轴、y 轴、z 轴上的截距.

三、两平面的夹角

两平面的法线向量的夹角（通常指锐角）称为两平面的夹角.

设平面 Π_1 和 Π_2 的法线向量分别为 $\boldsymbol{n}_1=(A_1,B_1,C_1)$ 与 $\boldsymbol{n}_2=(A_2,B_2,C_2)$，则 Π_1 和 Π_2 的夹角 θ 应为 $(\boldsymbol{n}_1\hat{,}\boldsymbol{n}_2)$ 和 $(-\boldsymbol{n}_1\hat{,}\boldsymbol{n}_2)=\pi-(\boldsymbol{n}_1\hat{,}\boldsymbol{n}_2)$ 两者中的锐角，因此，$\cos\theta=|\cos(\boldsymbol{n}_1\hat{,}\boldsymbol{n}_2)|$.

根据两向量夹角余弦的坐标表示式，Π_1 和 Π_2 的夹角 θ 可由

$$\cos\theta=|\cos(\boldsymbol{n}_1\hat{,}\boldsymbol{n}_2)|=\frac{|A_1A_2+B_1B_2+C_1C_2|}{\sqrt{A_1^2+B_1^2+C_1^2}\cdot\sqrt{A_2^2+B_2^2+C_2^2}} \tag{7.6}$$

来确定.

从两向量垂直、平行的充分必要条件可推得下列结论.

（1）Π_1 和 Π_2 互相垂直，即 $A_1A_2+B_1B_2+C_1C_2=0$.

（2）Π_1 和 Π_2 互相平行或重合，即 $\dfrac{A_1}{A_2}=\dfrac{B_1}{B_2}=\dfrac{C_1}{C_2}$.

【例 5】 求两平面 $x-y+2z-6=0$ 和 $2x+y+z-5=0$ 的夹角.

解：$\boldsymbol{n}_1=(A_1,B_1,C_1)=(1,-1,2)$，$\boldsymbol{n}_2=(A_2,B_2,C_2)=(2,1,1)$，由式（7.6）可得

$$\begin{aligned}\cos\theta&=\frac{|A_1A_2+B_1B_2+C_1C_2|}{\sqrt{A_1^2+B_1^2+C_1^2}\cdot\sqrt{A_2^2+B_2^2+C_2^2}}\\&=\frac{|1\cdot2+(-1)\cdot1+2\cdot1|}{\sqrt{1^2+(-1)^2+2^2}\cdot\sqrt{2^2+1^2+1^2}}=\frac{1}{2}.\end{aligned}$$

因此，所求夹角为 $\theta=\dfrac{\pi}{3}$.

【例 6】 一平面通过两点 $M_1(1,1,1)$ 和 $M_2(0,1,-1)$ 且垂直于平面 $x+y+z=0$，求它的方程.

解：方法一：已知从点 M_1 到点 M_2 的向量为 $\overrightarrow{M_1M_2}=(-1,0,-2)$，平面 $x+y+z=0$ 的法线向量为 $\boldsymbol{n}_1=(1,1,1)$.

设所求平面的一个法线向量为 $\boldsymbol{n}=(A,B,C)$.

因为点 $M_1(1,1,1)$ 和点 $M_2(0,1,-1)$ 在所求平面上，所以 $\boldsymbol{n}\perp\overrightarrow{M_1M_2}$，即

$$-A-2C=0. \tag{7.7}$$

又因为所求平面垂直于已知平面 $x+y+z=0$，所以 $\boldsymbol{n}\perp\boldsymbol{n}_1$，即

$$A+B+C=0. \tag{7.8}$$

由式（7.7）和式（7.8）得

$$A=-2C,$$

$$B=C.$$

由平面的点法式方程可知，所求平面的方程为

$$A(x-1)+B(y-1)+C(z-1)=0.$$

将 $A=-2C$ 和 $B=C$ 代入上式，并约去 C（$C\neq0$），得

$$-2(x-1)+(y-1)+(z-1)=0,$$

或者

$$2x - y - z = 0，$$

即所求平面的方程.

方法二：从点 M_1 到点 M_2 的向量为 $\overrightarrow{M_1M_2} = (-1,0,-2)$，平面 $x+y+z=0$ 的法线向量为 $n_1=(1,1,1)$.

所求平面的法线向量 n 可取为

$$n = \overrightarrow{M_1M_2} \times n_1 = \begin{vmatrix} i & j & k \\ -1 & 0 & -2 \\ 1 & 1 & 1 \end{vmatrix} = 2i - j - k，$$

因此，所求平面的方程为

$$2(x-1) - (y-1) - (z-1) = 0，$$

即

$$2x - y - z = 0.$$

【例 7】　设 $P_0(x_0, y_0, z_0)$ 是平面 $Ax + By + Cz + D = 0$ 外一点，求 P_0 到此平面的距离.

解：在平面上任取一点 $P_1(x_1, y_1, z_1)$，并作一法线向量 n，如图 7.22 所示，并考虑到 $\overrightarrow{P_1P_0}$ 与 n 的夹角 θ 可能是钝角，得所求的距离为

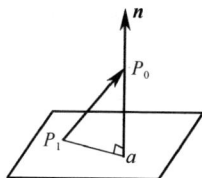

图 7.22

$$d = \left| \text{Prj}_n \overrightarrow{P_1P_0} \right|.$$

设 e_n 为与法线向量 n 方向一致的单位向量，则有

$$\text{Prj}_n \overrightarrow{P_1P_0} = \overrightarrow{P_1P_0} \cdot e_n，$$

而

$$e_n = \frac{1}{\sqrt{A^2+B^2+C^2}} \cdot (A,B,C),$$

$$\overrightarrow{P_1P_0} = (x_0 - x_1, y_0 - y_1, z_0 - z_1)，$$

得

$$\text{Prj}_n \overrightarrow{P_1P_0} = \overrightarrow{P_1P_0} \cdot e_n$$

$$= \frac{A(x_0-x_1)+B(y_0-y_1)+C(z_0-z_1)}{\sqrt{A^2+B^2+C^2}}$$

$$= \frac{Ax_0+By_0+Cz_0-(Ax_1+By_1+Cz_1)}{\sqrt{A^2+B^2+C^2}}$$

由于

$$Ax_1 + By_1 + Cz_1 + D = 0，$$

所以

$$\mathrm{Prj}_n \overrightarrow{P_1P_0} = \frac{Ax_0+By_0+Cz_0+D}{\sqrt{A^2+B^2+C^2}}.$$

因此得 $P_0(x_0,y_0,z_0)$ 到平面 $Ax+By+Cz+D=0$ 的距离公式为

$$d = \frac{|Ax_0+By_0+Cz_0+D|}{\sqrt{A^2+B^2+C^2}}. \tag{7.9}$$

例如，求点 $(2,1,1)$ 到平面 $x+y-z+1=0$ 的距离，利用式（7.9），得

$$d = \frac{|Ax_0+By_0+Cz_0+D|}{\sqrt{A^2+B^2+C^2}} = \frac{|1\times2+1\times1-1\times1+1|}{\sqrt{1^2+1^2+(-1)^2}} = \frac{3}{\sqrt{3}} = \sqrt{3}.$$

第六节　空间直线及其方程

一、空间直线的一般方程

空间直线 L 可以看成两平面 Π_1 和 Π_2 的交线，如图 7.23 所示. 如果两个相交平面 Π_1 和 Π_2 的方程分别为 $A_1x+B_1y+C_1z+D_1=0$ 与 $A_2x+B_2y+C_2z+D_2=0$，那么直线 L 上的任一点 M 的坐标应同时满足这两个平面的方程，即应满足方程组

$$\begin{cases} A_1x+B_1y+C_1z+D_1=0, \\ A_2x+B_2y+C_2z+D_2=0. \end{cases} \tag{7.10}$$

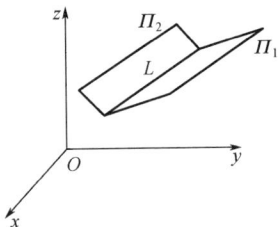

反过来，如果点 M 不在直线 L 上，那么它不可能同时在 Π_1 和 Π_2 上，它的坐标不满足式（7.10）. 因此，直线 L 可以用式（7.10）来表示. 式（7.10）叫作空间直线的一般方程.

图 7.23

通过空间一直线 L 的平面有无限多个，只要在这无限多个平面中任意选取两个，把它们的方程联立，所得的方程组就表示此空间直线 L.

二、空间直线的点向式方程与参数方程

如果一个非零向量平行于一条已知直线，那么该向量叫作这条直线的方向向量. 易知，直线上任一向量都平行于该直线的方向向量.

当直线 L 上一点 $M_0(x_0,y_0,x_0)$ 和它的一方向向量 $\boldsymbol{s}=(m,n,p)$ 已知时，直线 L 的位置就完全确定了.

已知直线 L 通过点 $M_0(x_0,y_0,x_0)$，且直线的方向向量为 $\boldsymbol{s}=(m,n,p)$，求直线 L 的方程，如图 7.24 所示.

设 $M(x,y,z)$ 为直线 L 上的任一点，则 $(x-x_0,y-y_0,z-z_0)//\boldsymbol{s}$，从而有

$$\frac{x-x_0}{m}=\frac{y-y_0}{n}=\frac{z-z_0}{p}.$$

这就是直线 L 的方程，叫作直线的点向式方程或对称式方程.

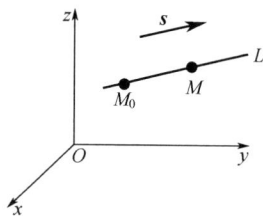

注意： 当 m,n,p 中有一个为零时，如 $m=0$，$n,p\neq0$，此方程组应理解为

$$\begin{cases} x=x_0, \\ \dfrac{y-y_0}{n}=\dfrac{z-z_0}{p}. \end{cases}$$

当 m,n,p 中有两个为零时，如 $m=n=0$，而 $p\neq0$，此方程组应理解为

$$\begin{cases} x-x_0=0, \\ y-y_0=0. \end{cases}$$

直线的任一方向向量 $\boldsymbol{s}$ 的坐标 m,n,p 叫作此直线的一组方向数，而方向向量 $\boldsymbol{s}$ 的方向余弦叫作该直线的方向余弦.

由直线的点向式方程容易推导出直线的参数方程.

设 $\dfrac{x-x_0}{m}=\dfrac{y-y_0}{n}=\dfrac{z-z_0}{p}=t$，得

$$\begin{cases} x=x_0+mt, \\ y=y_0+nt, \\ z=z_0+pt. \end{cases}$$

此方程组就是直线的参数方程.

【例 1】 用点向式方程和参数方程表示直线 $\begin{cases} x+y+z=1, \\ 2x-y+3z=4. \end{cases}$

解：先求直线上的一点，取 $x=1$，有

$$\begin{cases} y+z=-2, \\ -y+3z=2. \end{cases}$$

解此方程组，得 $y=-2$，$z=0$，即 $(1,-2,0)$ 是直线上的一点.

再求该直线的方向向量 $\boldsymbol{s}$，以平面 $x+y+z=-1$ 和 $2x-y+3z=4$ 的法线向量的向量积作为直线的方向向量 $\boldsymbol{s}$，即

$$\boldsymbol{s}=(\boldsymbol{i}+\boldsymbol{j}+\boldsymbol{k})\times(2\boldsymbol{i}-\boldsymbol{j}+3\boldsymbol{k})=\begin{vmatrix} \boldsymbol{i} & \boldsymbol{j} & \boldsymbol{k} \\ 1 & 1 & 1 \\ 2 & -1 & 3 \end{vmatrix}=4\boldsymbol{i}-\boldsymbol{j}-3\boldsymbol{k}.$$

图 7.24

因此，所给直线的点向式方程为

$$\frac{x-1}{4} = \frac{y+2}{-1} = \frac{z}{-3}.$$

令 $\dfrac{x-1}{4} = \dfrac{y+2}{-1} = \dfrac{z}{-3} = t$，得所给直线的参数方程为

$$\begin{cases} x = 1+4t, \\ y = -2-t, \\ z = -3t. \end{cases}$$

提示： 当 $x=1$ 时，有 $\begin{cases} y+z=-2, \\ -y+3z=2, \end{cases}$ 此方程组的解为 $y=-2$，$z=0$.

$$s = (i+j+k) \times (2i-j+3k) = \begin{vmatrix} i & j & k \\ 1 & 1 & 1 \\ 2 & -1 & 3 \end{vmatrix} = 4i - j - 3k$$

令 $\dfrac{x-1}{4} = \dfrac{y+2}{-1} = \dfrac{z}{-3} = t$，有 $x=1+4t$，$y=-2-t$，$z=-3t$.

三、两直线的夹角

两直线的方向向量的夹角（通常指锐角）叫作两直线的夹角.

设直线 L_1 和 L_2 的方向向量分别为 $s_1=(m_1,n_1,p_1)$ 与 $s_2=(m_2,n_2,p_2)$，则 L_1 和 L_2 的夹角 φ 是 $(s_1\hat{\ }\,s_2)$ 与 $(-s_1\hat{\ }\,s_2) = \pi - (s_1\hat{\ }\,s_2)$ 两者中的锐角，因此 $\cos\varphi = |\cos(s_1\hat{\ }\,s_2)|$. 根据两向量夹角余弦的坐标表示式，直线 L_1 和 L_2 的夹角 φ 可由

$$\cos\varphi = |\cos(s_1\hat{\ }\,s_2)| = \frac{|m_1m_2+n_1n_2+p_1p_2|}{\sqrt{m_1^2+n_1^2+p_1^2} \cdot \sqrt{m_2^2+n_2^2+p_2^2}}$$

来确定.

从两向量垂直、平行的充分必要条件可推得下列结论.

设有两直线 L_1：$\dfrac{x-x_1}{m_1} = \dfrac{y-y_1}{n_1} = \dfrac{z-z_1}{p_1}$；$L_2$：$\dfrac{x-x_2}{m_2} = \dfrac{y-y_2}{n_2} = \dfrac{z-z_2}{p_2}$，则

$$L_1 \perp L_2 \Leftrightarrow m_1m_2+n_1n_2+p_1p_2=0,$$

$$L_1 /\!/ L_2 \Leftrightarrow \frac{m_1}{m_2} = \frac{n_1}{n_2} = \frac{p_1}{p_2}.$$

【例 2】 求直线 L_1：$\dfrac{x-1}{1} = \dfrac{y}{-4} = \dfrac{z+3}{1}$ 和 L_2：$\dfrac{x}{2} = \dfrac{y+2}{-2} = \dfrac{z}{-1}$ 的夹角.

解： 两直线的方向向量分别为 $s_1=(1,-4,1)$ 和 $s_2=(2,-2,-1)$.

设两直线的夹角为 φ，则

$$\cos\varphi = \frac{|1 \cdot 2 + (-4) \cdot (-2) + 1 \cdot (-1)|}{\sqrt{1^2 + (-4)^2 + 1^2} \cdot \sqrt{2^2 + (-2)^2 + (-1)^2}} = \frac{1}{\sqrt{2}} = \frac{\sqrt{2}}{2},$$

因此 $\varphi = \dfrac{\pi}{4}$.

四、直线与平面的夹角

当直线与平面不垂直时，直线和它在平面上的投影直线的夹角 φ 称为直线与平面的夹角，如图 7.25 所示，当直线与平面垂直时，规定直线与平面的夹角为 $\dfrac{\pi}{2}$.

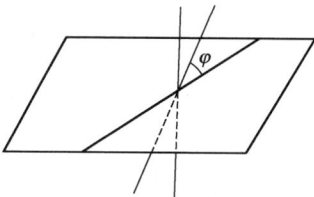

图 7.25

设直线的方向向量为 $\boldsymbol{s}=(m,n,p)$，平面的法线向量为 $\boldsymbol{n}=(A,B,C)$，直线与平面的夹角为 φ，则 $\varphi = \left| \dfrac{\pi}{2} - (\hat{\boldsymbol{s},\boldsymbol{n}}) \right|$，因此 $\sin\varphi = |\cos(\hat{\boldsymbol{s},\boldsymbol{n}})|$. 根据两向量夹角余弦的坐标表示式，有

$$\sin\varphi = \frac{|Am + Bn + Cp|}{\sqrt{A^2 + B^2 + C^2} \cdot \sqrt{m^2 + n^2 + p^2}}.$$

因为直线与平面垂直相当于直线的方向向量和平面的法线向量平行，所以直线与平面垂直相当于

$$\frac{A}{m} = \frac{B}{n} = \frac{C}{p}.$$

因为直线与平面平行或直线在平面上相当于直线的方向向量和平面的法线向量垂直，所以直线与平面平行或直线在平面上相当于

$$Am + Bn + Cp = 0.$$

设直线 L 的方向向量为 (m,n,p)，平面 Π 的法线向量为 (A,B,C)，则

$$L \perp \Pi \Leftrightarrow \frac{A}{m} = \frac{B}{n} = \frac{C}{p},$$

$$L /\!/ \Pi \Leftrightarrow Am + Bn + Cp = 0.$$

【例 3】　求过点 $(1,-2,4)$ 且与平面 $2x - 3y + z - 4 = 0$ 垂直的直线方程.

解：平面的法线向量 $(2,-3,1)$ 可以作为所求直线的方向向量. 由此可得所求直线的方程为

$$\frac{x-1}{2} = \frac{y+2}{-3} = \frac{z-4}{1}.$$

习题 7-1

1. 指出下列各点所在的卦限.

（1）$P_1(1,1,1)$.

（2）$P_2(1,-2,-3)$.

（3）$P_3(4,5,-6)$.

（4）$P_4(-1,-2,-1)$.

（5）$P_5(2,-2,2)$.

（6）$P_6(-3,-1,3)$.

（7）$P_7(-1,1,1)$.

（8）$P_8(-1,2,-1)$.

2. 自点 $M_1(1,2,3)$ 和 $M_0(x_0,y_0,z_0)$ 分别作各坐标面与各坐标轴的垂线，并写出各垂足的坐标.

3. 求下列两点间的距离.

（1）$(2,7,-4)$ 和 $(2,3,-1)$.

（2）$(3,0,-2)$ 和 $(0,2,-1)$.

4. 求点 $(1,3,-2)$ 到原点和坐标轴的距离.

5. 在三维空间中，求三点 $A(3,1,2)$，$B(4,-2,-2)$，$C(0,5,1)$ 组成的三角形的重心坐标.

6. 已知点 $M_0(1,2,3)$ 为某球面球心，且球面过点 $(1,-1,-1)$，试写出球面上的点要满足的方程（球面方程）.

习题 7-2

1. 设 $u=a-b+2c$，$v=-a+3b-c$，试用 a，b，c 表示 $2u-3v$.

2. 如果平面上一个四边形的对角线互相平分，试用向量证明它是平行四边形.

3. 把 $\triangle ABC$ 的 BC 边五等分，设分点依次为 D_1，D_2，D_3，D_4，再把各分点与点 A 相连，试以 $\overrightarrow{AB}=c$，$\overrightarrow{BC}=a$ 表示向量 $\overrightarrow{D_1A}$，$\overrightarrow{D_2A}$，$\overrightarrow{D_3A}$，$\overrightarrow{D_4A}$.

4. 已知两点 $A(0,1,2)$ 和 $B(1,-1,0)$，试用坐标形式表示向量 $\overrightarrow{AB}$ 和 $-2\overrightarrow{AB}$.

5. 求平行于向量 $a=(6,7,-6)$ 的单位向量.

6. 求点 (a,b,c) 关于各坐标面、各坐标轴、坐标原点的对称点的坐标.

7. 自点 $P(1,2,3)$ 分别作各坐标面和各坐标轴的垂线，并写出各垂足的坐标.

8. 过点 $P(x_0,y_0,z_0)$ 分别作平行于 z 轴的直线和平行于 xOy 坐标面的平面，问：在它们上面的点的坐标各有什么特点？

9. 一边长为 a 的立方体放置在 xOy 面上，其底面的中心在坐标原点处，底面的顶点在 x 轴和 y 轴上，求它各顶点的坐标.

10. 求点 $M(4,-3,5)$ 到各坐标轴的距离.

11. 已知两点 $A(1,2,3)$ 和 $B(6,5,4)$，计算向量 $\overrightarrow{AB}$ 的模、方向余弦和方向角.

12. 设向量的方向余弦分别满足：①$\cos\alpha=0$；②$\cos\beta=1$；③$\cos\alpha=\cos\beta=0$. 问：这些向量与坐标轴或坐标面的关系如何？

13. 设向量 γ 的模是 4，它与 u 轴的夹角是 $\pi/3$，求向量 γ 在 u 轴上的投影.

14. 一向量的终点在点 $B(2,-1,7)$ 处，它在 x 轴、y 轴和 z 轴上的投影依次为 $4,-4,7$，求该向量的起点 A 的坐标.

15. 设 $m=3i+5j+8k$，$n=2i-4j-7k$，$p=5i+j-4k$，求向量 $a=4m+3n-p$ 在 x 轴上的投影及其在 y 轴上的分向量.

习题 7-3

1. 设 $a=3i-j-2k$，$b=i+2j-k$.

（1）求 $a\cdot b$ 和 $a\times b$.

（2）求 $(-2a)\cdot 3b$ 和 $a\times 2b$.

（3）求 a，b 夹角的余弦.

2. 设 a，b，c 为单位向量，且满足 $a+b+c=0$，求 $a\cdot b+b\cdot c+c\cdot a$.

3. 已知点 $M_1(1,-1,2)$、$M_2(3,3,1)$ 和 $M_3(3,1,3)$. 求与 $\overrightarrow{M_1M_2}$ 和 $\overrightarrow{M_2M_3}$ 同时垂直的单位向量.

4. 设质量为 100kg 的物体从点 $M_1(3,1,8)$ 沿直线移动到点 $M_2(1,4,2)$，计算重力所做的功（坐标轴长度的单位为 m，重力方向为 z 轴负方向）.

5. 求向量 $a=(4,-3,4)$ 在向量 $b=(2,2,1)$ 上的投影.

6. 设 $a=(3,5,-2)$，$b=(2,1,4)$，问：λ 与 μ 有怎样的关系，使得 $\lambda a+\mu b$ 与 z 轴垂直？

习题 7-4

1. 求过点 $(3,0,-1)$ 且与平面 $3x-7y+5z-12=0$ 平行的平面的方程.

2. 求过点 $M_0(2,9,-6)$ 且与连接坐标原点和点 M_0 的线段 OM_0 垂直的平面的方程.

3. 求过 $(1,1,-1)$、$(-2,-2,2)$ 和 $(1,-1,2)$ 三点的平面的方程.

4. 指出下列各平面的特殊位置，并画出各平面.

（1）$x=0$.　　　　　　　　（2）$3y-1=0$.

（3）$2x-3y-6=0$.　　　　（4）$x-\sqrt{3}y=0$.

（5）$y+z=1$.　　　　　　　（6）$x-2z=0$.

（7）$6x+5y-z=0$.

5．求平面 $2x - 2y + z + 5 = 0$ 与各坐标面夹角的余弦.

6．一平面过点 $(1,0,-1)$ 且平行于向量 $a = (2,1,1)$ 和 $b = (1,-1,0)$，试求此平面的方程.

7．求三平面 $x + 3y + z = 1$，$2x - y - z = 0$，$-x + 2y + 2z = 3$ 的交点.

8．分别按下列条件求平面的方程.

（1）平行于 xOz 坐标面且经过点 $(-3,-5,2)$.

（2）通过 z 轴和点 $(2,1,-3)$.

（3）平行于 x 轴且经过两点 $(4,0,-2)$ 和 $(5,1,7)$.

9．求点 $(3,0,1)$ 到平面 $x + 2y + 2z - 10 = 0$ 的距离.

习题 7-5

1．求过点 $(2,-1,2)$ 且平行于直线 $\dfrac{x-2}{2} = \dfrac{y-1}{2} = \dfrac{z-3}{5}$ 的直线方程.

2．求过点 $(2,0,-3)$ 且与直线 $\begin{cases} x - 2y + 4z - 7 = 0, \\ 3x + 5y - 2z + 1 = 0 \end{cases}$ 垂直的平面的方程.

3．求直线 $\begin{cases} 5x - 3y + 3z - 2 = 0, \\ 3x - 2y + z - 3 = 0 \end{cases}$ 与直线 $\begin{cases} 2x + 2y - z + 30 = 0, \\ 3x + 8y + z - 48 = 0 \end{cases}$ 夹角的余弦.

4．求过点 $(1,2,0)$ 且与两平面 $x + 2y + 3z = 1$ 和 $x - y - 3z = 2$ 平行的直线方程.

5．求直线 $\begin{cases} x + y + 3z = 0, \\ x - y - z = 0 \end{cases}$ 与平面 $x - y - z + 1 = 0$ 的夹角.

6．求过点 $(1,2,1)$ 且与两直线 $\begin{cases} x + 2y - z + 1 = 0, \\ x - y + z - 1 = 0 \end{cases}$ 和 $\begin{cases} 2x - y + z = 0, \\ x - y + z = 0 \end{cases}$ 平行的平面的方程.

7．求点 $(-1,2,0)$ 在平面 $x + 2y - z + 1 = 0$ 上的投影.

第八章　线性代数初步

　　线性代数是高等数学中的重要内容，线性代数的主要内容包括线性方程组的解的存在条件、解的结构和解的求法，以及很多规划论的内容. 这些内容所用的基本工具都是矩阵，而行列式是研究矩阵的有效且非常有用的工具. 为此，本章先学习行列式和矩阵的相关知识，然后讨论线性方程组的解法.

第一节　行列式的概念与性质

一、二阶行列式与三阶行列式

　　定义 1　一阶行列式：$|a| = a$.

　　二阶行列式：$\begin{vmatrix} a_{11} & a_{12} \\ a_{21} & a_{22} \end{vmatrix} = a_{11}a_{22} - a_{12}a_{21}$.

　　三阶行列式：$\begin{vmatrix} a_{11} & a_{12} & a_{13} \\ a_{21} & a_{22} & a_{23} \\ a_{31} & a_{32} & a_{33} \end{vmatrix} = a_{11}a_{22}a_{33} + a_{12}a_{23}a_{31} + a_{13}a_{21}a_{32} -$

$$a_{11}a_{23}a_{32} - a_{12}a_{21}a_{33} - a_{13}a_{22}a_{31}.$$

　　上面定义的式子的左边称为行列式，第一个称为一阶行列式，第二个称为二阶行列式，第三个称为三阶行列式；上面定义的式子的右边称为行列式的展开式. 在行列式中，横排称为行列式的行，纵排称为行列式的列，a_{ij} 称为行列式中第 i 行第 j 列的元素，其中，i 称为行标，j 称为列标.

　　有 $n \times n$ 个元素的行列式称为 n 阶行列式. 左上角至右下角称为主对角线，左下角至右上角称为次对角线.

　　二阶行列式的值是主对角线方向上的元素之积减次对角线方向上的元素之积；三阶行列式的值是主对角线方向上的元素之积（图 8.1 中用实线连接的）减次对角线方向上的元素之积（图 8.1 中用虚线连接的），这种计算行列式的方法称为对角线法则. 注意，对角线法则只对三阶及以下行列式适用，四阶以上行列式的值的定义与计算都比三阶以下行列式要复杂很多.

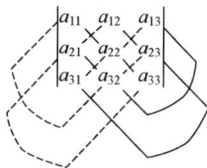

图 8.1

　　注意：①任何一个行列式，无论几阶，都是通过算式计算的一个数值；

②一阶行列式与绝对值写法相同，但含义不同，以后在学习中要加以区分.

【例 1】 计算：① $\begin{vmatrix} 1 & 3 \\ 2 & 4 \end{vmatrix}$；② $\begin{vmatrix} \cos\alpha & \sin\alpha \\ -\sin\alpha & \cos\alpha \end{vmatrix}$.

解：① $\begin{vmatrix} 1 & 3 \\ 2 & 4 \end{vmatrix} = 1 \times 4 - 2 \times 3 = -2$.

② $\begin{vmatrix} \cos\alpha & \sin\alpha \\ -\sin\alpha & \cos\alpha \end{vmatrix} = \cos^2\alpha + \sin^2\alpha = 1$.

【例 2】 计算 $\begin{vmatrix} 1 & 0 & 3 \\ 4 & 5 & 6 \\ 7 & 3 & 9 \end{vmatrix}$.

解：$\begin{vmatrix} 1 & 0 & 3 \\ 4 & 5 & 6 \\ 7 & 3 & 9 \end{vmatrix} = 1 \times 5 \times 9 + 4 \times 3 \times 3 + 7 \times 0 \times 6 -$

$$7 \times 5 \times 3 - 4 \times 0 \times 9 - 1 \times 6 \times 3 = -42.$$

【例 3】 计算 $\begin{vmatrix} 1 & 11 & 3 \\ 0 & 3 & 1 \\ 0 & 0 & -2 \end{vmatrix}$.

解：$\begin{vmatrix} 1 & 11 & 3 \\ 0 & 3 & 1 \\ 0 & 0 & -2 \end{vmatrix} = 1 \times 3 \times (-2) = -6$.

注意：此行列式主对角线以下的数全为 0，称为上三角行列式. 类似地，如果主对角线以上的数全为 0，则称为下三角行列式，它们的结果都等于主对角线上的元素相乘. 此结论可以推广到任意 n 阶行列式.

二、n 阶行列式的概念

定义 2 将 n^2 个数排成 n 行 n 列，并在左右两边各加一竖线的算式，记作 D_n，

即 $D_n = \begin{vmatrix} a_{11} & a_{12} & \cdots & a_{1n} \\ a_{21} & a_{22} & \cdots & a_{2n} \\ \vdots & \vdots & & \vdots \\ a_{n1} & a_{n2} & \cdots & a_{nn} \end{vmatrix}$，称为 n 阶行列式. n 阶行列式的值定义为

$$D_n = \begin{vmatrix} a_{11} & a_{12} & \cdots & a_{1n} \\ a_{21} & a_{22} & \cdots & a_{2n} \\ \vdots & \vdots & & \vdots \\ a_{n1} & a_{n2} & \cdots & a_{nn} \end{vmatrix} = a_{11}A_{11} + a_{12}A_{12} + \cdots + a_{1n}A_{1n},$$

其中，A_{ij} 称为代数余子式，具体定义如下.

余子式：在 n 阶行列式中，将元素 a_{ij} 所在的行与列上的元素划去，其余元素按照原来的相对位置构成的 $n-1$ 阶行列式称为元素 a_{ij} 的余子式，记作 M_{ij}.

代数余子式：元素 a_{ij} 的代数余子式为 $A_{ij}=(-1)^{i+j}M_{ij}$.

$$D_n=\begin{vmatrix} a_{11} & a_{12} & \cdots & a_{1n} \\ a_{21} & a_{22} & \cdots & a_{2n} \\ \vdots & \vdots & & \vdots \\ a_{n1} & a_{n2} & \cdots & a_{nn} \end{vmatrix}=a_{11}A_{11}+a_{12}A_{12}+\cdots+a_{1n}A_{1n}.$$

例如，在三阶行列式 $\begin{vmatrix} a_{11} & a_{12} & a_{13} \\ a_{21} & a_{22} & a_{23} \\ a_{31} & a_{32} & a_{33} \end{vmatrix}$ 中，$M_{11}=\begin{vmatrix} a_{22} & a_{23} \\ a_{32} & a_{33} \end{vmatrix}$，$M_{23}=\begin{vmatrix} a_{11} & a_{12} \\ a_{31} & a_{32} \end{vmatrix}$，$A_{11}=$

M_{11}，$A_{23}=-M_{23}$.

代数余子式就是在余子式前面加正、负号，何时加正号，何时加负号，可由下面的正负符号矩阵决定：

$$\begin{vmatrix} + & - & \cdots & (-1)^{1+n} \\ - & + & \cdots & (-1)^{2+n} \\ \vdots & \vdots & \vdots & \vdots \\ (-1)^{1+n} & (-1)^{2+n} & \cdots & + \end{vmatrix}.$$

这个正负符号矩阵对背记公式和以后的运算都会有很大的帮助. 大家可以仔细找找其中的正负规律.

定理　（行列式按行列展开定理）n 阶行列式等于它的任意一行（列）的各元素与其对应的代数余子式的乘积之和，即

$$D_n=\begin{vmatrix} a_{11} & a_{12} & \cdots & a_{1n} \\ a_{21} & a_{22} & \cdots & a_{2n} \\ \vdots & \vdots & & \vdots \\ a_{n1} & a_{n2} & \cdots & a_{nn} \end{vmatrix}=a_{i1}A_{i1}+a_{i2}A_{i2}+\cdots+a_{in}A_{in}(i=1,2,\cdots,n).$$

$$=a_{1j}A_{1j}+a_{2j}A_{2j}+\cdots+a_{nj}A_{nj}(j=1,2,\cdots,n).$$

其中，A_{ij} 是元素 a_{ij} 在 D_n 中的代数余子式.

在本定理中，第一个展开式称为将 n 阶行列式 D_n 按第 i 行展开，第二个展开式称为将 n 阶行列式 D_n 按第 j 列展开. 本定理可以用文字表述为：n 阶行列式的值可按任意第 i 行展开计算得到，也可按任意第 j 列展开计算得到.

注意：行列式本来有一个比较复杂的定义，为了适应高职、高专的难度，便于理解，这里把行列式的定义变成了按第一行展开. 本定理的证明也就此省略.

三、行列式的性质

定义 3 将行列式 D 的任意第 i 行改为第 i 列，第 j 列改为第 j 行，仍得到一个 n 阶行列式，这个新的行列式称为 D 的转置行列式，记作 D^{T}，即

$$D = \begin{vmatrix} a_{11} & a_{12} & \cdots & a_{1n} \\ a_{21} & a_{22} & \cdots & a_{2n} \\ \vdots & \vdots & & \vdots \\ a_{n1} & a_{n2} & \cdots & a_{nn} \end{vmatrix}, \quad D^{\mathrm{T}} = \begin{vmatrix} a_{11} & a_{21} & \cdots & a_{n1} \\ a_{12} & a_{22} & \cdots & a_{n2} \\ \vdots & \vdots & & \vdots \\ a_{1n} & a_{2n} & \cdots & a_{nn} \end{vmatrix}.$$

性质 1 行列式和它的转置行列式相等，即 $D = D^{\mathrm{T}}$：

$$\begin{vmatrix} a_{11} & a_{12} & \cdots & a_{1n} \\ a_{21} & a_{22} & \cdots & a_{2n} \\ \vdots & \vdots & & \vdots \\ a_{n1} & a_{n2} & \cdots & a_{nn} \end{vmatrix} = \begin{vmatrix} a_{11} & a_{21} & \cdots & a_{n1} \\ a_{12} & a_{22} & \cdots & a_{n2} \\ \vdots & \vdots & & \vdots \\ a_{1n} & a_{2n} & \cdots & a_{nn} \end{vmatrix}.$$

性质 2 用数 k 乘行列式 D 中某一行（列）的所有元素所得到的行列式等于 kD，即行列式可以按行和按列提出公因数：

$$\begin{vmatrix} a_{11} & a_{12} & \cdots & a_{1n} \\ \vdots & \vdots & & \vdots \\ ka_{i1} & ka_{i2} & \cdots & ka_{in} \\ \vdots & \vdots & & \vdots \\ a_{n1} & a_{n2} & \cdots & a_{nn} \end{vmatrix} = k \begin{vmatrix} a_{11} & a_{12} & \cdots & a_{1n} \\ \vdots & \vdots & & \vdots \\ a_{i1} & a_{i2} & \cdots & a_{in} \\ \vdots & \vdots & & \vdots \\ a_{n1} & a_{n2} & \cdots & a_{nn} \end{vmatrix} = kD.$$

证明：将行列式按第 i 行展开即可，证毕.

推论 1 若行列式 D 中某行（或某列）的元素全为 0，则行列式的值为 0.

性质 3 互换行列式的任意两行（列），行列式的值改变符号，即对于如下两个行列式：

$$D = \begin{vmatrix} a_{11} & a_{12} & \cdots & a_{1n} \\ \vdots & \vdots & & \vdots \\ a_{i1} & a_{i1} & \cdots & a_{in} \\ \vdots & \vdots & & \vdots \\ a_{j1} & a_{j2} & \cdots & a_{jn} \\ \vdots & \vdots & & \vdots \\ a_{n1} & a_{n2} & \cdots & a_{nn} \end{vmatrix}, \quad D_{ij} = \begin{vmatrix} a_{11} & a_{12} & \cdots & a_{1n} \\ \vdots & \vdots & & \vdots \\ a_{j1} & a_{j1} & \cdots & a_{jn} \\ \vdots & \vdots & & \vdots \\ a_{i1} & a_{i2} & \cdots & a_{in} \\ \vdots & \vdots & & \vdots \\ a_{n1} & a_{n2} & \cdots & a_{nn} \end{vmatrix},$$

有 $D_{ij} = -D$.

推论 2 如果行列式中有某两行（或两列）的对应元素的值相同，则此行列式的值为 0.

推论3　如果行列式中有某两行（或两列）的对应元素的值成比例，则此行列式的值为 0.

性质4　行列式可以按行（列）拆开，即

$$
D = \begin{vmatrix}
a_{11} & a_{12} & \cdots & a_{1n} \\
\vdots & \vdots & & \vdots \\
b_{i1}+c_{i1} & b_{i2}+c_{i2} & \cdots & b_{in}+c_{in} \\
\vdots & \vdots & & \vdots \\
a_{n1} & a_{n2} & \cdots & a_{nn}
\end{vmatrix}
$$

$$
= \begin{vmatrix}
a_{11} & a_{12} & \cdots & a_{1n} \\
\vdots & \vdots & & \vdots \\
b_{i1} & b_{i2} & \cdots & b_{in} \\
\vdots & \vdots & & \vdots \\
a_{n1} & a_{n2} & \cdots & a_{nn}
\end{vmatrix}
+ \begin{vmatrix}
a_{11} & a_{12} & \cdots & a_{1n} \\
\vdots & \vdots & & \vdots \\
c_{i1} & c_{i2} & \cdots & c_{in} \\
\vdots & \vdots & & \vdots \\
a_{n1} & a_{n2} & \cdots & a_{nn}
\end{vmatrix}.
$$

性质 5　把行列式 D 的某一行（或列）的所有元素都乘以 k 后加到另一行（或列）的对应元素上，所得的行列式的值不变，即

$$
D = \begin{vmatrix}
a_{11} & a_{12} & \cdots & a_{1n} \\
\vdots & \vdots & & \vdots \\
a_{i1} & a_{i2} & \cdots & a_{in} \\
\vdots & \vdots & & \vdots \\
a_{j1} & a_{j2} & \cdots & a_{jn} \\
\vdots & \vdots & & \vdots \\
a_{n1} & a_{n2} & \cdots & a_{nn}
\end{vmatrix}
= \begin{vmatrix}
a_{11} & a_{12} & \cdots & a_{1n} \\
\vdots & \vdots & & \vdots \\
a_{i1}+ka_{j1} & a_{i2}+ka_{j2} & \cdots & a_{in}+ka_{jn} \\
\vdots & \vdots & & \vdots \\
a_{j1} & a_{j2} & \cdots & a_{jn} \\
\vdots & \vdots & & \vdots \\
a_{n1} & a_{n2} & \cdots & a_{nn}
\end{vmatrix}.
$$

性质6　n 阶行列式中任意一行（列）的元素与另一行（列）相对应元素的代数余子式的乘积之和等于 0，即

$$a_{i1}A_{k1} + a_{i2}A_{k2} + \cdots + a_{in}A_{kn} = 0 \quad (i,k=1,2,\cdots,n,\ i \neq k),$$

$$a_{1j}A_{1s} + a_{2j}A_{2s} + \cdots + a_{nj}A_{ns} = 0 \quad (j,s=1,2,\cdots,n,\ n \neq s).$$

四、行列式的计算

对于计算行列式的方法，为了叙述方便，有如下约定：用记号"$\textcircled{i} \times k$"表示第 i 行（列）乘 k；"$\textcircled{i} \leftrightarrow \textcircled{j}$"表示将第 i 行（列）与第 j 行（列）互换；"$\textcircled{j}+\textcircled{i} \times k$"表示将第 i 行（列）乘以 k 后加到第 j 行（列）上. 把对行的变换写在等号上方，把对列的变换写在等号下方.

【例 4】 计算 $D = \begin{vmatrix} 1 & -5 & 3 & -3 \\ 2 & 0 & 1 & -1 \\ 3 & 1 & -1 & 2 \\ 4 & 1 & 3 & -1 \end{vmatrix}$.

解：$D = \begin{vmatrix} 1 & -5 & 3 & -3 \\ 2 & 0 & 1 & -1 \\ 3 & 1 & -1 & 2 \\ 4 & 1 & 3 & -1 \end{vmatrix} \xrightarrow[\textcircled{4}+(-1)\times\textcircled{3}]{\textcircled{1}+5\times\textcircled{3}} \begin{vmatrix} 16 & 0 & -2 & 7 \\ 2 & 0 & 1 & -1 \\ 3 & 1 & -1 & 2 \\ 1 & 0 & 4 & -3 \end{vmatrix}$

$\underline{\text{按第二列展开}}(-1)^{3+2} \begin{vmatrix} 16 & -2 & 7 \\ 2 & 1 & -1 \\ 1 & 4 & -3 \end{vmatrix} \xrightarrow[\textcircled{3}+(-4)\times\textcircled{2}]{\textcircled{1}+2\times\textcircled{2}} (-1) \begin{vmatrix} 20 & 0 & 5 \\ 2 & 1 & -1 \\ -7 & 0 & 1 \end{vmatrix}$

$= (-1)(-1)^{2+2} \begin{vmatrix} 20 & 5 \\ -7 & 1 \end{vmatrix} = -55.$

小结：行列式的计算主要采用以下两种基本方法.

（1）利用行列式的性质，把原行列式化为容易求值的行列式. 常用的方法是先把原行列式化为上三角（或下三角）行列式再求值.

（2）先把原行列式按选定的某一行或某一列展开，把行列式的阶数降低，再求出它的值. 通常是先利用性质 5 在某一行或某一列中产生很多个"0"元素，再按包含 0 最多的行或列展开.

第二节　克莱姆法则

一、克莱姆法则的定义

定义 1　含有 n 个方程的 n 元线性方程组的一般形式为

$$\begin{cases} a_{11}x_1 + a_{12}x_2 + \cdots + a_{1n}x_n = b_1, \\ a_{21}x_1 + a_{22}x_2 + \cdots + a_{2n}x_n = b_2, \\ \qquad\qquad\qquad\vdots \\ a_{n1}x_1 + a_{n2}x_2 + \cdots + a_{nn}x_n = b_n. \end{cases} \tag{8.1}$$

它的系数构成的 n 阶行列式 $D = \begin{vmatrix} a_{11} & a_{12} & \cdots & a_{1n} \\ a_{21} & a_{22} & \cdots & a_{2n} \\ \vdots & \vdots & & \vdots \\ a_{n1} & a_{n2} & \cdots & a_{nn} \end{vmatrix}$ 称为式（8.1）的系数行列式.

定理 1　（克莱姆法则）　若式（8.1）的系数行列式 $D \neq 0$，则式（8.1）必有唯一解：$x_j = \dfrac{D_j}{D}$ $(j=1,2,\cdots,n)$．其中，D_j $(j=1,2,\cdots,n)$ 是用方程右端的常数项 b_i $(i=1,2,\cdots,h)$ 代替第 j 列的元素所得的 n 阶行列式．例如：

$$D_1 = \begin{vmatrix} b_1 & a_{12} & \cdots & a_{1n} \\ b_2 & a_{22} & \cdots & a_{2n} \\ \vdots & \vdots & & \vdots \\ b_n & a_{n2} & \cdots & a_{nn} \end{vmatrix}, \quad D_2 = \begin{vmatrix} a_{11} & b_1 & a_{13} & \cdots & a_{1n} \\ a_{21} & b_2 & a_{23} & \cdots & a_{2n} \\ \vdots & \vdots & \vdots & & \vdots \\ a_{n1} & b_n & a_{n3} & \cdots & a_{nn} \end{vmatrix}, \quad \cdots$$

注意：用克莱姆法则解线性方程组必须满足两个条件：①方程组中方程的个数与未知数的个数相等；②方程组的系数行列式的值不等于零．

【例 1】　解线性方程组 $\begin{cases} x_1 - x_2 + x_3 + 2x_4 = 0, \\ 2x_1 + x_2 - x_3 + x_4 = 0, \\ 3x_1 + 2x_2 + x_3 + 5x_4 = 5, \\ -x_1 - x_2 + x_3 + x_4 = -1. \end{cases}$

解： $D = \begin{vmatrix} 1 & -1 & 1 & 2 \\ 2 & 1 & -1 & 1 \\ 3 & 2 & 1 & 5 \\ -1 & -1 & 1 & 1 \end{vmatrix} = 9$，$D_1 = \begin{vmatrix} 0 & -1 & 1 & 2 \\ 0 & 1 & -1 & 1 \\ 5 & 2 & 1 & 5 \\ -1 & -1 & 1 & 1 \end{vmatrix} = 9$，

$D_2 = \begin{vmatrix} 1 & 0 & 1 & 2 \\ 2 & 0 & -1 & 1 \\ 3 & 5 & 1 & 5 \\ -1 & -1 & 1 & 1 \end{vmatrix} = 18$，$D_3 = \begin{vmatrix} 1 & -1 & 0 & 2 \\ 2 & 1 & 0 & 1 \\ 3 & 2 & 5 & 5 \\ -1 & -1 & -1 & 1 \end{vmatrix} = 27$，

$D_4 = \begin{vmatrix} 1 & -1 & 1 & 0 \\ 2 & 1 & -1 & 0 \\ 3 & 2 & 1 & 5 \\ -1 & -1 & 1 & -1 \end{vmatrix} = -9$．

由于方程组的系数行列式的值 $D \neq 0$，因此，根据克莱姆法则，方程组的唯一解为
$$x_1 = 1，\quad x_2 = 2，\quad x_3 = 3，\quad x_4 = -1.$$

二、齐次线性方程组

定义 2　如果式（8.1）的常数项 $b_1, b_2, \cdots, b_n$ 均为零，即

$$\begin{cases} a_{11}x_1 + a_{12}x_2 + \cdots + a_{1n}x_n = 0, \\ a_{21}x_1 + a_{22}x_2 + \cdots + a_{2n}x_n = 0, \\ \vdots \\ a_{n1}x_1 + a_{n2}x_2 + \cdots + a_{nn}x_n = 0, \end{cases} \tag{8.2}$$

则称为齐次线性方程组.

定理2 若齐次线性方程组［见式（8.2）］的系数行列式的值 $D \neq 0$，则齐次线性方程组只有唯一零解.

推论 齐次线性方程组有非零解 $\Rightarrow D = 0$.

【例2】 已知 $\begin{cases} \lambda x_1 + x_2 + x_3 = 0, \\ x_1 + \lambda x_2 + x_3 = 0, \\ x_1 + x_2 + \lambda x_3 = 0 \end{cases}$ 有非零解，求 λ.

解：由定理2可知，若方程组有非零解，则必有 $D = \begin{vmatrix} \lambda & 1 & 1 \\ 1 & \lambda & 1 \\ 1 & 1 & \lambda \end{vmatrix} = (\lambda + 2)(\lambda - 1)^2 = 0$，

因此 $\lambda = 1$ 或 $\lambda = -2$.

第三节 矩阵的概念与运算

使用克莱姆法则解线性方程组局限性太大，因此，对于一般线性方程组解的讨论，必须借助一个重要的工具——矩阵.

一、矩阵的概念

定义1 由 $m \times n$ 个数 a_{ij}（$i = 1, 2, \cdots, m$；$j = 1, 2, \cdots, n$）排成的一个 m 行 n 列的数

表 $\begin{bmatrix} a_{11} & a_{12} & \cdots & a_{1n} \\ a_{21} & a_{22} & \cdots & a_{2n} \\ \vdots & \vdots & & \vdots \\ a_{m1} & a_{m2} & \cdots & a_{mn} \end{bmatrix}$ 称为一个 m 行 n 列矩阵. 其中，a_{ij} 称为矩阵的第 i 行第 j 列元

素（$i = 1, 2, \cdots, m$；$j = 1, 2, \cdots, n$），i 称为行标，j 称为列标. 通常用大写黑斜字母 $\boldsymbol{A}$, $\boldsymbol{B}$, $\boldsymbol{C}$ 等表示矩阵. 有时为了标明矩阵的行数 m 和列数 n，也可记作 $\boldsymbol{A} = (a_{ij})_{m \times n} = \boldsymbol{A}_{m \times n}$.

以下为几种常用的特殊矩阵.

（1）行矩阵.

$$\boldsymbol{A} = [a_{11} \quad a_{12} \quad \cdots \quad a_{1n}].$$

（2）列矩阵.

$$\boldsymbol{A} = \begin{bmatrix} a_{11} \\ a_{21} \\ \vdots \\ a_{n1} \end{bmatrix}.$$

行矩阵和列矩阵即行向量与列向量.

（3）零矩阵.

元素全为零的矩阵称为零矩阵，即

$$\boldsymbol{O} = \begin{bmatrix} 0 & 0 & \cdots & 0 \\ 0 & 0 & \cdots & 0 \\ \vdots & \vdots & & \vdots \\ 0 & 0 & \cdots & 0 \end{bmatrix}.$$

（4）n 阶方阵.

当 $m = n$ 时，$\boldsymbol{A} = (a_{ij})_{m \times n}$ 称为 n 阶矩阵或 n 阶方阵. 在一个 n 阶方阵 $\boldsymbol{A}$ 中，从左上角到右下角的这条对角线称为方阵 $\boldsymbol{A}$ 的主对角线. n 阶方阵 $\boldsymbol{A}$ 的主对角线上的元素称为对角元，即

$$\boldsymbol{A} = (a_{ij})_{n \times n} = \begin{bmatrix} a_{11} & a_{12} & \cdots & a_{1n} \\ a_{21} & a_{22} & \cdots & a_{2n} \\ \vdots & \vdots & & \vdots \\ a_{n1} & a_{n2} & \cdots & a_{nn} \end{bmatrix}.$$

方阵 $\boldsymbol{A}$ 的行列式指 $\boldsymbol{A} = (a_{ij})_{n \times n}$ 的元素按照原来的相对位置构成的行列式，记作 $|\boldsymbol{A}|$.

（5）n 阶对角矩阵.

形如 $\begin{bmatrix} a_{11} & 0 & \cdots & 0 \\ 0 & a_{22} & \cdots & 0 \\ \vdots & \vdots & & \vdots \\ 0 & 0 & \cdots & a_{nn} \end{bmatrix}$ 或简写为 $\begin{bmatrix} a_{11} & & & \\ & a_{22} & & \\ & & \ddots & \\ & & & a_{nn} \end{bmatrix}$ 的矩阵称为 n 阶对角矩阵.

（6）n 阶单位矩阵.

当对角矩阵的主对角线上的元素都等于 1 时，称为 n 阶单位矩阵. n 阶单位矩阵记作 $\boldsymbol{E}_n$ 或 $\boldsymbol{I}_n$，即

$$\boldsymbol{E}_n = \begin{bmatrix} 1 & 0 & \cdots & 0 \\ 0 & 1 & \cdots & 0 \\ \vdots & \vdots & & \vdots \\ 0 & 0 & \cdots & 1 \end{bmatrix} \text{ 或 } \boldsymbol{E}_n = \begin{bmatrix} 1 & & & \\ & 1 & & \\ & & \ddots & \\ & & & 1 \end{bmatrix}.$$

在不会引起混淆的情况下，也可以用 $\boldsymbol{E}$ 或 $\boldsymbol{I}$ 表示 n 阶单位矩阵.

（7）n 阶上三角矩阵与 n 阶下三角矩阵.

形如 $\begin{bmatrix} a_{11} & a_{12} & \cdots & a_{1n} \\ 0 & a_{22} & \cdots & a_{2n} \\ \vdots & \vdots & & \vdots \\ 0 & 0 & \cdots & a_{nn} \end{bmatrix}$ 和 $\begin{bmatrix} a_{11} & 0 & \cdots & 0 \\ a_{21} & a_{22} & \cdots & 0 \\ \vdots & \vdots & & \vdots \\ a_{n1} & a_{n2} & \cdots & a_{nn} \end{bmatrix}$ 的矩阵分别称为 n 阶上三角矩阵

与 n 阶下三角矩阵.

（8）转置矩阵.

若 $A = \begin{bmatrix} a_{11} & a_{12} & \cdots & a_{1n} \\ a_{21} & a_{22} & \cdots & a_{2n} \\ \vdots & \vdots & & \vdots \\ a_{m1} & a_{m2} & \cdots & a_{mn} \end{bmatrix}$，则 $A^{\mathrm{T}} = \begin{bmatrix} a_{11} & a_{21} & \cdots & a_{m1} \\ a_{12} & a_{22} & \cdots & a_{m2} \\ \vdots & \vdots & & \vdots \\ a_{1n} & a_{2n} & \cdots & a_{mn} \end{bmatrix}$ 称为 A 的转置矩阵.

定义 2 若两个矩阵是同型矩阵（两个矩阵的行数与列数分别相等），即 $A = (a_{ij})_{m \times n}$，$B = (b_{ij})_{m \times n}$，且满足 $a_{ij} = b_{ij}$（$i = 1, 2, \cdots, m$；$j = 1, 2, \cdots, n$），则称矩阵 A 与矩阵 B 相等，记作 $A = B$.

二、矩阵的运算

1. 矩阵的加减法运算

定义 3 设 $A = (a_{ij})_{m \times n}$ 和 $B = (b_{ij})_{m \times n}$，则由 A 和 B 的对应元素相加减得到的一个 m 行 n 列矩阵称为 A 与 B 的和或差，记作 $A \pm B$，即

$$A \pm B = (a_{ij} \pm b_{ij})_{m \times n}.$$

注意：只有当两个矩阵是同型矩阵时，它们才可以相加减.

思考：矩阵的加法运算与数的加法运算是否一样？

矩阵的加法满足以下运算律.

（1）交换律：$A + B = B + A$.

（2）结合律：$(A + B) + C = A + (B + C)$.

2. 矩阵的数乘运算

定义 4 对于任意一个矩阵 $A = (a_{ij})_{m \times n}$ 和任意一个数 k，规定 k 与 A 的乘积为

$$kA = (ka_{ij})_{m \times n} = \begin{bmatrix} ka_{11} & \cdots & ka_{1n} \\ \vdots & & \vdots \\ ka_{m1} & \cdots & ka_{mn} \end{bmatrix}.$$

思考：k 可以为 0 吗？若 $k = 0$，则 $kA = $？

数与矩阵相乘满足以下运算律.

（1）分配律：$k(A + B) = kA + kB$；$(k + l)A = kA + lA$. 其中，A，B 为同型矩阵，k，l 为任意常数.

（2）结合律：$(kl)A = k(lA)$.

（3）$(kA)^{\mathrm{T}} = kA^{\mathrm{T}}$.

（4）若 A 为 n 阶方阵，则 $|kA| = k^n |A|$.

【例1】 设 $A = \begin{bmatrix} 1 & -2 & 0 \\ 4 & 3 & 5 \end{bmatrix}$，$B = \begin{bmatrix} 8 & 2 & 6 \\ 5 & 3 & 4 \end{bmatrix}$. A 和 B 满足 $2A + X = B - 2X$，求 X.

解：$X = \dfrac{1}{3}(B - 2A) = \begin{bmatrix} 2 & 2 & 2 \\ -1 & -1 & -2 \end{bmatrix}$.

3. 矩阵的乘法运算

定义 5　设矩阵 $A = (a_{ij})_{m \times k}$，$B = (b_{ij})_{k \times n}$，令 $C = (c_{ij})_{m \times n}$ 为由 $m \times n$ 个元素 $c_{ij} = a_{i1}b_{1j} + a_{i2}b_{2j} + \cdots + a_{ik}b_{kj}$（$i = 1, 2, \cdots, m$；$j = 1, 2, \cdots, n$）构成的 $m \times n$ 矩阵，则矩阵 C 称为矩阵 A 与矩阵 B 的乘积，记作 $C = AB$.

由此定义可以知道，对于两个矩阵 A 和 B，当且仅当矩阵 A 的列数与矩阵 B 的行数相等时，可以相乘，且矩阵 C 的行数=矩阵 A 的行数，矩阵 C 的列数=矩阵 B 的列数. 矩阵 C 的第 i 行第 j 列元素等于矩阵 A 的第 i 行元素与矩阵 B 的第 j 列对应元素的乘积之和.

思考：任意两个矩阵都能相乘吗？

【例 2】　$A = \begin{bmatrix} 3 & -1 \\ 0 & 3 \\ 1 & 0 \end{bmatrix}$，$B = \begin{bmatrix} 1 & 0 & 1 & -1 \\ 0 & 2 & 1 & 0 \end{bmatrix}$，求 AB.

解：$AB = \begin{bmatrix} 3 & -2 & 2 & -3 \\ 0 & 6 & 3 & 0 \\ 1 & 0 & 1 & -1 \end{bmatrix}$.

注意：矩阵乘法一般不满足交换律. 本例 BA 无意义.

思考：如果 AB 与 BA 都有意义，那么它们相等吗？

【例 3】　$A = \begin{bmatrix} 1 & 2 \\ 1 & 2 \end{bmatrix}$，$B = \begin{bmatrix} 1 & -1 \\ -1 & 1 \end{bmatrix}$，求 AB，BA.

解：$AB = \begin{bmatrix} -1 & 1 \\ -1 & 1 \end{bmatrix}$，$BA = \begin{bmatrix} 0 & 0 \\ 0 & 0 \end{bmatrix}$.

注意：$AB \neq BA$. $A \neq O$，$B \neq O$，但是 $BA = O$.

矩阵的乘法满足以下运算律.

（1）结合律：$(AB)C = A(BC)$；$k(AB) = (kA)B = A(kB)$（k 为实数）.

（2）分配律：$(A + B)C = AC + BC$.

（3）$(AB)^{\mathrm{T}} = B^{\mathrm{T}} A^{\mathrm{T}}$.

（4）$|AB| = |A||B|$.

注意：①行列式与矩阵是两个完全不同的概念，矩阵是一个数表，行列式是一个数，二者有着本质的区别，不能混淆，并且行列式记号"|*|"与矩阵记号"[*]"也不同，不能用错；②矩阵的行数与列数未必相等，但行列式的行数与列数必须相等. ③当且仅当 A 为 n 阶方阵时，才可取行列式 $D = |A|$. 对于不是方阵的矩阵，是不可以取行列式的. ④行列式相等是指行列式运算结果一样，而矩阵相等是指矩

阵中对应的元素都相等.

第四节 矩阵的初等变换与矩阵的秩

一、矩阵的初等变换

定义 1 对一个矩阵 A 进行的以下三种类型的变换称为矩阵的初等行变换.

（1）交换矩阵 A 的某两行（对换变换）.

（2）用一个非零数 k 乘矩阵 A 的某一行（倍乘变换）.

（3）把矩阵 A 中某一行的 k（$k \neq 0$）倍加到另一行上（倍加变换）.

另外，将上面的"行"换成"列"称为矩阵的初等列变换. 矩阵的初等行变换与初等列变换统称为初等变换.

注意： 矩阵的初等行变换与行列式的计算有本质区别，计算行列式是求值过程，前后用等号连接，对矩阵施行初等变换则是变换过程，一般来说，变换前后的两个矩阵是不相等的，因此，我们用箭头"→"连接变换前后的矩阵.

定义 2 满足下列两个条件的矩阵称为阶梯形矩阵.

（1）如果存在全零行（元素全为零的行），则全零行都位于矩阵中非零行（元素不全为零的行）的下方.

（2）各非零行中从左边起的第一个非零元素（主元）的列指标 j 随着行指标的递增而严格增大，即各非零行从左边起第一个非零元素下方各数全为零.

例如，$\begin{bmatrix} -1 & 0 & 1 \\ 0 & 2 & 1 \\ 0 & 0 & 3 \end{bmatrix}$，$\begin{bmatrix} 1 & -3 & 0 & 0 \\ 0 & 2 & 0 & 1 \\ 0 & 0 & 0 & 1 \end{bmatrix}$，$\begin{bmatrix} a_{11} & a_{12} & a_{13} & a_{14} \\ 0 & a_{22} & a_{23} & a_{24} \\ 0 & 0 & a_{33} & a_{34} \end{bmatrix}$ 都是阶梯形矩阵，而

$\begin{bmatrix} a_{11} & a_{12} & a_{13} \\ 0 & a_{22} & a_{23} \\ 0 & a_{32} & a_{33} \end{bmatrix}$，$\begin{bmatrix} 1 & -3 & 0 & 0 \\ 0 & 0 & 0 & 0 \\ 0 & 1 & 0 & 0 \end{bmatrix}$ 不是阶梯形矩阵.

定理 1 对于任意一个非零矩阵，通过若干次初等行变换都可以化成阶梯形矩阵.

【例 1】 把矩阵 A 化成阶梯形矩阵，$A = \begin{bmatrix} 3 & -1 & -4 & 2 & -2 \\ 1 & 0 & -1 & 1 & 0 \\ 1 & 2 & 1 & 3 & 4 \\ -1 & 4 & 3 & -3 & 0 \end{bmatrix}$.

解： $A = \begin{bmatrix} 3 & -1 & -4 & 2 & -2 \\ 1 & 0 & -1 & 1 & 0 \\ 1 & 2 & 1 & 3 & 4 \\ -1 & 4 & 3 & -3 & 0 \end{bmatrix} \xrightarrow{① \leftrightarrow ②} \begin{bmatrix} 1 & 0 & -1 & 1 & 0 \\ 3 & -1 & -4 & 2 & -2 \\ 1 & 2 & 1 & 3 & 4 \\ -1 & 4 & 3 & -3 & 0 \end{bmatrix}$

$$
\begin{array}{l}
②+(-3)\times① \\
③+(-1)\times① \\
④+①
\end{array}
\longrightarrow
\begin{bmatrix}
1 & 0 & -1 & 1 & 0 \\
0 & -1 & -1 & -1 & -2 \\
0 & 2 & 2 & 2 & 4 \\
0 & 4 & 2 & -2 & 0
\end{bmatrix}
\begin{array}{l}
③+2\times② \\
④+4\times②
\end{array}
\longrightarrow
\begin{bmatrix}
1 & 0 & -1 & 1 & 0 \\
0 & -1 & -1 & -1 & -2 \\
0 & 0 & 0 & 0 & 0 \\
0 & 0 & -2 & -6 & -8
\end{bmatrix}
$$

$$
\xrightarrow{③\leftrightarrow④}
\begin{bmatrix}
1 & 0 & -1 & 1 & 0 \\
0 & -1 & -1 & -1 & -2 \\
0 & 0 & -2 & -6 & -8 \\
0 & 0 & 0 & 0 & 0
\end{bmatrix}.
$$

二、矩阵的秩

定义 3　在 $m \times n$ 矩阵 A 中，任取 k 行和 k 列，位于这些行列交叉点处的元素按原来的相对次序组成的一个 k 阶行列式称为矩阵 A 的一个 k 阶子式.

定义 4　在 $m \times n$ 矩阵 A 中，非零子式的最高阶数称为 A 的秩，记作 $r(A)$.

规定：零矩阵的秩为零.

所谓非零子式的最高阶数，就是指在所有的不等于零的子式中，阶数最高的子式的阶数. 例如，当 $r(A) = 3$ 时，说明在矩阵 A 中至少有一个三阶子式不为 0，而所有的阶数大于 3 的子式都为 0.

思考：对于秩为 r 的矩阵，所有 r 阶子式是否均不为 0？$r-1$ 阶子式呢？举例说明.

【例 2】　求下列矩阵的秩：

$$
A = \begin{bmatrix}
2 & -3 & 8 & 2 \\
2 & 12 & -2 & 12 \\
1 & 3 & 1 & 4
\end{bmatrix}.
$$

解：容易计算出二阶行列式 $\begin{vmatrix} 2 & -3 \\ 2 & 12 \end{vmatrix} = 30 \neq 0$.

矩阵 A 是一个三行四列的矩阵，先把矩阵 A 的三行全部取出，再从其四列中任取三列，可得到一个三阶子式，共有四个三阶子式，可以算出矩阵 A 的所有三阶子式为

$$
\begin{vmatrix} 2 & -3 & 8 \\ 2 & 12 & -2 \\ 1 & 3 & 1 \end{vmatrix} = 0, \quad
\begin{vmatrix} 2 & -3 & 2 \\ 2 & 12 & 12 \\ 1 & 3 & 4 \end{vmatrix} = 0, \quad
\begin{vmatrix} -3 & 8 & 2 \\ 12 & -2 & 12 \\ 3 & 1 & 4 \end{vmatrix} = 0, \quad
\begin{vmatrix} 2 & 8 & 2 \\ 2 & -2 & 12 \\ 1 & 1 & 4 \end{vmatrix} = 0.
$$

显然，矩阵 A 不存在 4 阶子式，因此，矩阵 A 的非零子式最高阶数为 2，即 $r(A) = 2$.

对于一般的矩阵，要确定其非零子式的最高阶数并不容易，下面探讨求秩的其

他方法.

定理2 对矩阵进行初等行变换不改变矩阵的秩.

定理3 矩阵的秩等于阶梯形矩阵非零行的行数.

根据定理 2 和定理 3，在求矩阵的秩时，可以先把矩阵用初等行变换化为阶梯形矩阵.

【例3】 已知 $A = \begin{bmatrix} 2 & -3 & 8 & 2 \\ 2 & 12 & -2 & 12 \\ 1 & 3 & 1 & 4 \end{bmatrix}$，求 $r(A)$.

解：$A \xrightarrow[\substack{②+(-2)×③}]{\substack{①+(-2)×③}} \begin{bmatrix} 0 & -9 & 6 & -6 \\ 0 & 6 & -4 & 4 \\ 1 & 3 & 1 & 4 \end{bmatrix} \xrightarrow{①↔③} \begin{bmatrix} 1 & 3 & 1 & 4 \\ 0 & 6 & -4 & 4 \\ 0 & -9 & 6 & -6 \end{bmatrix}$

$\xrightarrow[\substack{③×\frac{1}{3}}]{\substack{②×\frac{1}{2}}} \begin{bmatrix} 1 & 3 & 1 & 4 \\ 0 & 3 & -2 & 2 \\ 0 & -3 & 2 & -2 \end{bmatrix} \xrightarrow{③+②} \begin{bmatrix} 1 & 3 & 1 & 4 \\ 0 & 3 & -2 & 2 \\ 0 & 0 & 0 & 0 \end{bmatrix}$，因此 $r(A) = 2$.

三、逆矩阵

1. 逆矩阵的概念

定义5 对于矩阵 $A_{n×n}$，若有矩阵 $B_{n×n}$ 满足 $AB = BA = E$，则称矩阵 A 为可逆矩阵（或非奇异矩阵），并称矩阵 B 为矩阵 A 的逆矩阵，记作 $A^{-1} = B$．若满足定义的矩阵 B 不存在，则称矩阵 A 为不可逆矩阵（或奇异矩阵）.

注意： ①可逆矩阵一定是方阵；②零矩阵不可逆；③可逆矩阵的逆矩阵是唯一的；④设 A, B 均为 n 阶方阵，并且满足 $AB = BA = E$，则 A 和 B 都可逆，且 $A^{-1} = B$，$B^{-1} = A$.

思考：为什么可逆矩阵一定是方阵？

2. 可逆矩阵的基本性质

设 A 和 B 为同阶的可逆矩阵，常数 $k ≠ 0$.

（1）A^{-1} 为可逆矩阵，则 $(A^{-1})^{-1} = A$.

（2）$AA^{-1} = A^{-1}A = E$.

（3）$(AB)^{-1} = B^{-1}A^{-1}$.

（4）$(kA)^{-1} = \dfrac{1}{k}A^{-1}$.

（5）$(A^{-1})^{\mathrm{T}} = (A^{\mathrm{T}})^{-1}$.

定理4　n 阶方阵 A 为可逆矩阵 $\Leftrightarrow |A| \neq 0$.

定理5　任何可逆矩阵都能经过初等行变换化为单位矩阵.

3. 用初等行变换求可逆矩阵的逆矩阵

若 A 可逆，则总可以对 A 进行一系列初等行变换化为单位矩阵 E，将一系列同样的初等行变换作用到 E 上，E 则化为 A^{-1}，由此得到用初等行变换求逆矩阵的方法：$(A, E) \rightarrow (E, A^{-1})$.

具体方法：用初等行变换把 $n \times 2n$ 矩阵 (A, E_n) 化为 (E_n, A^{-1})，当 (A, E_n) 的左半部分化为单位矩阵 E_n 时，右半部分就是 A^{-1} 了，如果前 n 列不能化为单位矩阵，那么说明 A 不是可逆矩阵.

【例4】　求矩阵 A 的逆矩阵，$A = \begin{bmatrix} 1 & -1 & 3 \\ 2 & -1 & 4 \\ -1 & 2 & -4 \end{bmatrix}$.

解：$(A, E) = \begin{bmatrix} 1 & -1 & 3 & 1 & 0 & 0 \\ 2 & -1 & 4 & 0 & 1 & 0 \\ -1 & 2 & -4 & 0 & 0 & 1 \end{bmatrix} \xrightarrow[\text{③}+\text{①}]{\text{②}+(-2)\times\text{①}} \begin{bmatrix} 1 & -1 & 3 & 1 & 0 & 0 \\ 0 & 1 & -2 & -2 & 1 & 0 \\ 0 & 1 & -1 & 1 & 0 & 1 \end{bmatrix}$

$\xrightarrow[\text{③}+(-1)\times\text{②}]{\text{①}+\text{②}} \begin{bmatrix} 1 & 0 & 1 & -1 & 1 & 0 \\ 0 & 1 & -2 & -2 & 1 & 0 \\ 0 & 0 & 1 & 3 & -1 & 1 \end{bmatrix} \xrightarrow[\text{②}+2\times\text{③}]{\text{①}+(-1)\times\text{③}}$

$\begin{bmatrix} 1 & 0 & 0 & -4 & 2 & -1 \\ 0 & 1 & 0 & 4 & -1 & 2 \\ 0 & 0 & 1 & 3 & -1 & 1 \end{bmatrix} = (E, A^{-1})$，因此 $A^{-1} = \begin{bmatrix} -4 & 2 & -1 \\ 4 & -1 & 2 \\ 3 & -1 & 1 \end{bmatrix}$.

习题 8-1

1. 求下列行列式的值.

（1）$\begin{vmatrix} 1 & 0 \\ 0 & 1 \end{vmatrix}$. （2）$\begin{vmatrix} 1 & 1 \\ 1 & 1 \end{vmatrix}$. （3）$\begin{vmatrix} 0 & 0 \\ 0 & 0 \end{vmatrix}$. （4）$\begin{vmatrix} 7 & 8 \\ 9 & 10 \end{vmatrix}$. （5）$\begin{vmatrix} 4+\sqrt{3} & 2-\sqrt{2} \\ 2+\sqrt{2} & 4-\sqrt{3} \end{vmatrix}$.

（6）$\begin{vmatrix} 1 & 0 & 0 \\ 0 & 1 & 0 \\ 0 & 0 & 1 \end{vmatrix}$. （7）$\begin{vmatrix} 3 & 78 & 11 \\ 0 & 4 & 89 \\ 0 & 0 & 6 \end{vmatrix}$. （8）$\begin{vmatrix} 3 & 1 & 11 \\ -1 & 4 & 1 \\ 1 & 2 & 7 \end{vmatrix}$. （9）$\begin{vmatrix} 0 & x & y \\ -x & 0 & z \\ -y & -z & 0 \end{vmatrix}$.

（10）$\begin{vmatrix} 1 & a & a^2 \\ 1 & b & b^2 \\ 1 & c & c^2 \end{vmatrix}$. （11）$\begin{vmatrix} 1 & 2 & -1 & 2 \\ 3 & 0 & 1 & 5 \\ 1 & -2 & 0 & 3 \\ -2 & -4 & 1 & 6 \end{vmatrix}$.

2．解下列方程：

$$\begin{vmatrix} x-1 & 0 & 1 \\ 1 & x-2 & 0 \\ 1 & 0 & x-1 \end{vmatrix} = 0.$$

3．求下列行列式的值.

（1）$\begin{vmatrix} 1 & 0 & 3 \\ a & 5 & b \\ 1 & 0 & 4 \end{vmatrix}$．（2）$\begin{vmatrix} 1 & 2 & 3 \\ 11 & 12 & 13 \\ 111 & 112 & 113 \end{vmatrix}$．（3）$\begin{vmatrix} 1 & 0 & 0 \\ x+y & 2 & 0 \\ x-y & 0 & 3 \end{vmatrix}$．

习题 8-2

用克莱姆法则解下列方程组.

（1）$\begin{cases} 2x_1 + x_2 + x_3 = 0, \\ x_1 + 2x_2 + x_3 = 0, \\ x_1 + x_2 + 2x_3 = 0. \end{cases}$ （2）$\begin{cases} x_1 - x_2 + x_3 = 2, \\ x_1 + 2x_2 = 1, \\ x_1 - x_3 = 4. \end{cases}$ （3）$\begin{cases} x_1 + x_2 + x_3 = 0, \\ 2x_1 - 5x_2 - 3x_3 = 10, \\ 4x_1 + 8x_2 + 2x_3 = 4. \end{cases}$

习题 8-3

1．计算.

（1）$\begin{bmatrix} 1 & 2 \\ -2 & 3 \end{bmatrix}\begin{bmatrix} -1 & -2 \\ -4 & 3 \end{bmatrix}$．　　（2）$\begin{bmatrix} 1 & 0 & 2 \\ -1 & 2 & 4 \end{bmatrix}\begin{bmatrix} 2 & 0 \\ -1 & 5 \\ 3 & 4 \end{bmatrix}$．（3）$\begin{bmatrix} 1 \\ 2 \\ 3 \end{bmatrix}[1\ 2\ 3]$．

（4）$[1\ 2\ 3]\begin{bmatrix} 1 \\ 2 \\ 3 \end{bmatrix}$．　　　　（5）$\begin{bmatrix} 2 & 2 & 3 \\ 1 & -1 & 0 \\ -1 & 2 & 1 \end{bmatrix}\begin{bmatrix} 1 & -4 & -3 \\ 1 & -5 & -3 \\ -1 & 6 & 4 \end{bmatrix}$．

2．已知 $A = \begin{bmatrix} 2 & -1 & 3 \\ 1 & 0 & 2 \end{bmatrix}$，$B = \begin{bmatrix} 1 & 3 \\ 4 & -1 \\ 5 & 6 \end{bmatrix}$，计算 $2A - B^\mathrm{T}$，AB，BA.

习题 8-4

1．求下列各矩阵的秩.

（1）$A = \begin{bmatrix} -1 & 3 & 0 & 1 \\ 4 & -1 & 1 & -2 \\ 2 & -2 & 0 & 1 \end{bmatrix}$．　　　（2）$A = \begin{bmatrix} 3 & 2 & -1 & -3 & -2 \\ 2 & -1 & 3 & 1 & -3 \\ 7 & 0 & 5 & -1 & -8 \end{bmatrix}$．

（3）$A = \begin{bmatrix} 1 & 1 & 1 & 0 & 1 \\ 2 & 1 & -1 & 1 & 1 \\ 1 & 2 & -1 & 1 & 2 \\ 0 & 1 & 2 & 3 & 3 \end{bmatrix}$.

2. 判断下列方阵是否为可逆矩阵，若是，则用初等行变换求出其逆矩阵.

（1）$\begin{bmatrix} 1 & 2 & -1 \\ 2 & -3 & 1 \\ 4 & 1 & -1 \end{bmatrix}$.　　　　（2）$\begin{bmatrix} 1 & 2 & 0 \\ 2 & 1 & -1 \\ 3 & 1 & 1 \end{bmatrix}$.

（3）$\begin{bmatrix} 1 & 2 & 3 \\ 2 & -1 & 4 \\ 0 & -1 & 1 \end{bmatrix}$.　　　　（4）$\begin{bmatrix} 1 & -3 & 2 \\ -3 & 0 & 1 \\ 1 & 1 & -1 \end{bmatrix}$.

习题答案

第一章　函数与极限

习题 1-1

1.（1）定义域 $\{x\,|\,x\leqslant 1\}$ ，值域 $\{y\,|\,y\geqslant 0\}$.

（2）定义域 $\{x\,|\,x>0\}$ ，值域 $\{y\,|\,y\in \mathbf{R}\}$.

（3）定义域 $\{x\,|\,-1\leqslant x\leqslant 1\}$ ，值域 $\{y\,|\,0\leqslant y\leqslant 1\}$.

（4）定义域 $\{x\,|\,-1\leqslant x\leqslant 1\}$ ，值域 $\{y\,|\,0\leqslant y\leqslant 1\}$.

（5）定义域 $\{x\,|\,x\leqslant 0$ 或 $x\geqslant 2\}$ ，值域 $\{y\,|\,-1\leqslant y\leqslant 1\}$.

2.（1） $x=\dfrac{y-1}{2}$ 或 $y=\dfrac{x-1}{2}$.

（2） $x=\log_2\left(y-1\right)$ 或 $y=\log_2\left(x-1\right)$.

（3） $x=\dfrac{2}{\arcsin\left(y-1\right)}+1$ 或 $y=\dfrac{2}{\arcsin\left(x-1\right)}+1$.

3． $\sin x$.

4.（1） $y=2^u$ ， $u=\sin x$.

（2） $y=u+v$ ， $u=s\times w$ ， $s=2$ ， $w=x$ ， $v=1$.

（3） $y=\mathrm{e}^u$ ， $u=v\times w$ ， $v=-1$ ， $w=x$.

（4） $y=\sin u$ ， $u=v\times w$ ， $v=2$ ， $w=x$.

（5） $y=u^5$ ， $u=v+w$ ， $v=2\times x$ ， $w=1$.

（6） $y=u^2$ ， $u=\sin x$.

（7） $y=2^u$ ， $u=\dfrac{1}{2}v^2$ ， $v=\sin w$ ， $w=\sqrt{x}$.

（8） $y=\mathrm{e}^u$ ， $u=v\times w$ ， $v=x$ ， $w=\ln x$.

5．1 弧度等于 $\dfrac{180°}{\pi}$.

习题 1-2

1.（1）对.

（2）错.

（3）错.

（4）错.

（5）错.

（6）错.

（7）错.

（8）对.

（9）错.

2.（1）0.

（2）1.

（3）0.

（4）1.

（5）1.

（6）1.

（7）1.

（8）−1.

（9）−2.

（10）∞.

（11）1.

习题 1-3

（1）2/3.

（2）0.

（3）4.

（4）$\sqrt{2}/2$.

（5）2/3.

（6）3/2.

（7）1/2.

（8）∞.

（9）0.

（10）2/3.

（11）4/3.

（12）m/n.

（13）−8.

（14）3/2.

（15）3/2.

（16）1/3.

（17）2a.

（18）1/64.

（19）2/3.

（20）2/3.

（21）$2^{10}3^{50}$.

（22）2.

（23）2.

（24）1.

（25）1.

（26）−1.

习题 1-4

1.（1）k.

（2）$\dfrac{m}{n}$.

（3）2.

（4）1/2.

（5）1.

（6）1/e.

（7）e^2.

（8）e^2.

（9）e.

（10）$\begin{cases} 0, & m < n, \\ 1, & m = n, \\ \infty, & m > n. \end{cases}$

2.（1）1.

（2）1/4.

（3）0.

（4）0.

（5）1.

习题 1-5

1.（1）错.

（2）错.

（3）对.

（4）对.

（5）对.

（6）错.

2.（1）$x=1$ 第二类间断点.

（2）$x=-1$ 与 $x=2$ 均为第二类间断点.

（3）$x=0$ 可间断点.

（4）$x=0$ 跳跃间断点.

（5）$x=0$ 第二类间断点.

（6）略.

（7）略.

第二章 导数

习题 2-1

1. 略.

2. 3.

3. 切线方程：$y-1=-2(x+1)$.

4. 切线方程：$y=0$.

5. $a=2$，$b=-1$.

6. 切线方程：$y-x-\dfrac{1}{4}=0$.

7. $v(t)=v_0+gt$，$a(t)=g$.

8.（1）$3x^2$.

（2）$\dfrac{1}{3}x^{-\frac{2}{3}}$.

（3）$\dfrac{3}{2}x^{\frac{1}{2}}$.

（4）$\dfrac{3}{4}x^{-\frac{1}{4}}$.

（5）$-2x^{-3}$.

（6）$\dfrac{7}{8}x^{-\frac{1}{8}}$.

9. $-f'(x_0)$.

10. $4f'(x_0)$.

11. $C'(100)=80$（元/件）.

习题 2-2

（1）$y'=0$.

（2）$y'=0$.

（3）$y'=2x-2x^{-3}$.

（4） $y' = (\dfrac{1}{2})^x \ln \dfrac{1}{2}$.

（5） $y' = 2(2^x + e^x)(2^x \ln 2 + e^x)$.

（6） $y' = a^x \ln a + ax^{a-1} + \dfrac{1}{a} - \dfrac{a}{x^2}$ （$a > 0$）.

（7） $y' = -\dfrac{e}{x^2} + 2x \ln a$ （$a > 0$）.

（8） $r'(\theta) = \theta^2 \sin \theta$.

（9） $y' = -\dfrac{1}{2} x^{-\frac{3}{2}} - \dfrac{1}{2} x^{-\frac{1}{2}}$.

（10） $y' = 2ax + b$.

（11） $y' = 4x + \dfrac{5}{2} x^{\frac{3}{2}}$.

（12） $f'(v) = 3v^2 + 2v - 1$.

（13） $y' = \dfrac{1}{2\sqrt{x}} \cos x - \sqrt{x} \sin x$.

（14） $\rho'(\varphi) = \dfrac{1}{2\sqrt{\varphi}} \sin \varphi + \sqrt{\varphi} \cos \varphi$.

（15） $y' = -\dfrac{1 + 2x}{(-2 + x + x^2)^2}$.

（16） $s' = \dfrac{-2 \sin t}{(1 + \cos t)^2}$.

（17） $y' = -2 \csc^2 x - \csc t \cot t$.

（18） $y' = \dfrac{-2}{x(1 + \ln x)^2}$.

（19） $y' = \dfrac{2x \ln x + x^2 \ln^2 x + 2x}{(1 + x \ln x)^2}$.

（20） $y' = \dfrac{1}{1 + x^2}$.

（21） $y' = \tan x$.

（22） $y' = -\dfrac{1}{x^2} e^{\frac{1}{x}}$.

（23） $y' = \dfrac{1}{2\sqrt{x - x^2}}$.

（24） $y' = 2 \tan x \sec^2 x$.

（25）$y' = \dfrac{1}{x} \sec \ln x \tan \ln x$.

（26）$y' = -k \sin kx$.

（27）$y' = k f'(kx + b)$，f 可导.

（28）$y' = \dfrac{1}{x}$.

（29）$y' = \dfrac{x}{\sqrt{x^2 + 1}}$.

（30）$y' = \dfrac{2x \cos 2x - \sin 2x}{x^2}$.

（31）$y' = \dfrac{1}{\sqrt{2x + 1}}$.

（32）$y' = \dfrac{\sec x \tan x - \sec^2 x}{\sec x + \tan x}$.

（33）$y' = \dfrac{3 \sec^2 3x}{\tan 3x}$.

（34）$y' = \dfrac{\ln x}{x \sqrt{\ln^2 x + 1}}$.

（35）$y' = \dfrac{1}{1 + x^2}$.

（36）$y' = \dfrac{1}{x \ln x \ln \ln x}$.

（37）$y' = -\dfrac{1}{(1 + x)\sqrt{2x - 2x^2}}$.

（38）$y' = 2x f'(x^2)$.

（39）$y' = f'(f(x)) f'(x)$.

（40）$y' = \dfrac{\sqrt{1 - x^2} - x \arcsin x}{(1 - x^2)\sqrt{1 - x^2}}$.

（41）$y' = 2x \sin \dfrac{1}{x} - \cos \dfrac{1}{x}$.

（42）$y' = 2^{x/\ln x} \cdot \ln 2 \cdot \dfrac{\ln x - 1}{\ln^2 x}$.

（43）$y' = \dfrac{1}{\sqrt{2x + x^2}}$.

（44）$y' = \mathrm{e}^{2x}(2 \cos 3x - 3 \sin 3x)$.

（45）$y' = \dfrac{4}{(\mathrm{e}^t + \mathrm{e}^{-t})^2}$.

（46）$y' = 2e^{-\tan^2 \frac{1}{x}} \cdot \tan \frac{1}{x} \cdot \sec^2 \frac{1}{x} \cdot \frac{1}{x^2}$.

（47）$y' = -e^{-x}(-x^2 + 4x - 3)$.

（48）$y' = \sin 2x \sin x^2 + 2x \sin^2 x \cos x^2$.

（49）$y' = \dfrac{1 - n \ln x}{x^{n+1}}$.

（50）$y' = \dfrac{1 + \sqrt{x}}{\sqrt{x^2 + 2x\sqrt{x}}}$.

（51）$y' = f'(\sin^2 x) \sin 2x - f'(\cos^2 x) \sin 2x$.

（52）$y' = f'(e^x) e^x e^{f(x)} + f(e^x) e^{f(x)} f'(x)$.

（53）略. 提示：利用导数.

（54）略. 提示：利用导数.

（55）$y' = \dfrac{2x}{1 + x^2}$.

（56）$y' = \dfrac{1}{2\sqrt{x\sqrt{x + \sqrt{x}}}}\left[1 + \dfrac{1}{2\sqrt{x + \sqrt{x}}}\left(1 + \dfrac{1}{2\sqrt{x}}\right)\right]$.

习题 2-3

1. （1）$y' = \dfrac{p}{y}$.

（2）$y' = -\dfrac{2x + y}{x + 2y}$.

（3）$y' = \dfrac{e^{x+y} - y}{x - e^{x+y}}$.

（4）$y' = \dfrac{y}{y - x}$.

（5）$y' = \dfrac{-e^y}{1 + xe^y}$.

（6）$y' = -\sqrt{\dfrac{y}{x}}$.

（7）$y' = \dfrac{y^2 - x}{y^3 - 2xy}$.

（8）$y' = \dfrac{\pi \cos(x + y)}{e^y - \pi \cos(x + y)}$.

（9）$y' = \dfrac{x + y}{x - y}$.

2. $3x - 4y + 24 = 0$.

3. $y' = \dfrac{\cos(x+y)}{1 - \cos(x+y)}$，$y'' = \dfrac{\sin(x+y)}{(1 - \cos(x+y))^3}$.

4. （1）$y' = x^{\sin x}(\cos x \cdot \ln x + \dfrac{\sin x}{x})$.

（2）$y' = x^{1/x} \cdot \dfrac{1 - \ln x}{x^2}$.

（3）$y' = (1 + \dfrac{1}{x})^x \cdot (\ln(1 + \dfrac{1}{x}) - \dfrac{1}{1+x})$.

（4）$y' = 2x^{\sqrt{x}}(\dfrac{\ln x}{2\sqrt{x}} + \dfrac{\sqrt{x}}{x})$.

（5）$y' = \dfrac{1}{2} \cdot \sqrt{\dfrac{3x-2}{(5-2x)(x-1)}}(\dfrac{3}{3x-2} + \dfrac{2}{5-2x} - \dfrac{1}{x-1})$.

（6）$y' = \dfrac{1}{3} \cdot \sqrt[3]{\dfrac{x(x^2+1)}{(x^2-1)}}(\dfrac{1}{x} + \dfrac{2x}{x^2+1} - \dfrac{2x}{x^2-1})$.

（7）$y' = \dfrac{x^2\sqrt{x+2}\,\mathrm{e}^x}{(3x+2)^4}(\dfrac{2}{x} + \dfrac{1}{2x+4} + 1 - \dfrac{12}{3x+2})$.

（8）略.

6. $y' = 4x^3 + 3x^2 + 2x + 1$，$y'' = 12x^2 + 6x + 2$，$y''' = 24x + 6$，$y^{(4)} = 24$，$y^{(n)} = 0,\ n \geqslant 5$.

7. $y^{(n)} = a^x \ln^n a$.

8. $y^{(n)} = 2^n \cos\left(2x + \dfrac{n\pi}{2}\right)$.

9. $y^{(n)} = (-1)^{n+1} x^{-n}$.

10. $y^{(4)} = \dfrac{6}{x}$.

11. $y'' = x(1 - x^2)^{-\frac{3}{2}}$.

12. $y'' = \mathrm{e}^{-x^2}(4x^2 - 2)$.

13. $y'' = 2\cos 2x$.

14. $y'' = \dfrac{4x^3 - 12x}{(1 + x^2)^3}$.

习题 2-4

1. （1）$\mathrm{d}y = 0.02$，$\Delta y = 0.0201$，$\Delta y - \mathrm{d}y = 0.0001$.

（2）略.

2.（1） $d(x^2 + C) = 2x dx$.

（2） $d(\ln x + C) = \dfrac{1}{x} dx$.

（3） $d(-\dfrac{1}{x} + C) = \dfrac{1}{x^2} dx$.

（4） $d(-e^{-x} + C) = e^{-x} dx$.

（5） $d(-\dfrac{1}{2} \cos 2x + C) = \sin 2x dx$.

（6） $d(\sqrt{x} + C) = \dfrac{dx}{2\sqrt{x}}$.

（7） $d(e^{x^2}) = e^{x^2} dx^2 = (2x e^{x^2}) dx$.

（8） $d(\sin x + \cos x) = d(\sin x) + d(\cos x) = (\cos x - \sin x) dx$.

3.（1） $(1 - \dfrac{1}{x^2}) dx$.

（2） $\dfrac{1}{(1 + x^2)\arctan x} dx$.

（3） $(3x^2 \sin 5x + 5x^3 \cos 5x) dx$.

（4） $\dfrac{1}{(1 - x^2)^{\frac{3}{2}}} dx$.

4． $\sin 31° \approx 0.5150$.

5． $\ln 1.01 \approx 0.00995$.

6．略.

第三章　导数的应用

习题 3-1

答案略.

习题 3-2

1． $\lim\limits_{x \to 0} \dfrac{e^x - 1}{x} = 1$.

2． $\lim\limits_{x \to 0} \dfrac{e^x - 1 - x}{x^2} = \dfrac{1}{2}$.

3． $\lim\limits_{x \to 0} \dfrac{e^x - 1 - x - \dfrac{x^2}{2}}{x^3} = \dfrac{1}{6}$.

4． $\lim\limits_{x \to 0} \dfrac{\sin x - x}{x^3} = -\dfrac{1}{6}$.

5. $\lim\limits_{x \to 0} \dfrac{\sin x - x + \dfrac{x^3}{3!}}{x^5} = \dfrac{1}{120}$.

6. $\lim\limits_{x \to \frac{\pi}{2}} \dfrac{x - \dfrac{\pi}{2}}{\tan x} = 0$.

7. $\lim\limits_{x \to a} \dfrac{x - a}{\sin x - \sin a} = \dfrac{1}{\cos a}$.

8. $\lim\limits_{x \to a} \dfrac{x^m - a^m}{x^n - a^n} = \dfrac{m}{n} a^{m-n}$.

9. 略.

10. $\lim\limits_{x \to 1} \left(\dfrac{2}{x^2 - 1} - \dfrac{1}{x - 1} \right) = -\dfrac{1}{2}$.

11. $\lim\limits_{x \to +\infty} \dfrac{x^a}{b^x} = 0$.

12. $\lim\limits_{x \to +\infty} \dfrac{x^a}{\ln x} = \infty$.

13. $\lim\limits_{x \to +\infty} (\sqrt[3]{x^3 + x^2 + x + 1} - x) = 0$.

14. 提示：分子、分母同除以 x.

习题 3-3

1.（1）错.

（2）错.

（3）对.

（4）对.

（5）错.

（6）错.

（7）错.

2. 略.

3. 当 $a > 0$ 时，$(-\infty, -\dfrac{b}{2a}]$ 单调递减，$[-\dfrac{b}{2a}, +\infty]$ 单调递增，极小值 $f(-\dfrac{b}{2a}) = \dfrac{4ac - b^2}{4a}$.

当 $a < 0$ 时，$(-\infty, -\dfrac{b}{2a}]$ 单调递增，$[-\dfrac{b}{2a}, +\infty]$ 单调递减，极大值 $f(-\dfrac{b}{2a}) = \dfrac{4ac - b^2}{4a}$.

4．$[2k\pi,2k\pi+\pi]$ 单调递增，$[2k\pi-\pi,2k\pi]$ 单调递减.

5．$[2k\pi+\dfrac{\pi}{2},2k\pi+\dfrac{3\pi}{2}]$ 单调递增，$[2k\pi-\dfrac{\pi}{2},2k\pi+\dfrac{\pi}{2}]$ 单调递减.

6．$(-\infty,0)$ 单调递增，$(0,+\infty)$ 单调递减，极大值 $f(0)=-1$.

7．$(-\infty,\dfrac{3}{4})$ 单调递增，$(\dfrac{3}{4},1)$ 单调递减，极大值 $f(\dfrac{3}{4})=\dfrac{5}{4}$.

8．$(-\infty,-2)$ 和 $(2,+\infty)$ 单调递增，$(-2,2)$ 单调递减，极大值 $f(-2)=-8$，极小值 $f(2)=8$.

9．$(-\infty,-1)$ 和 $(3,+\infty)$ 单调递增，$(-1,3)$ 单调递减.

10．$(-\dfrac{1}{2},0)$ 和 $(\dfrac{1}{2},+\infty)$ 单调递增，$(-\infty,-\dfrac{1}{2})$ 和 $(0,\dfrac{1}{2})$ 单调递减.

11．极小值 $f(-\dfrac{1}{2}\ln 2)=2\sqrt{2}$.

12．$(-\infty,+\infty)$ 单调递增，无极值.

13．$(-\infty,-1]$ 和 $[2,+\infty)$ 单调递增，$[-1,2]$ 单调递减，极大值 $f(-1)=\dfrac{13}{6}$，极小值 $f(2)=-\dfrac{7}{3}$.

14．$[\dfrac{1}{2},+\infty)$ 单调递增，$(-\infty,\dfrac{1}{2}]$ 单调递减，极小值 $f(\dfrac{1}{2})=-\dfrac{27}{16}$.

15．$(-\infty,1)$ 单调递增，$(1,+\infty)$ 单调递减，极大值 $f(1)=\dfrac{1}{e}$.

16．$(-\infty,0)$ 和 $(2,+\infty)$ 单调递增，$(0,2)$ 单调递减，极大值 $f(0)=0$，极小值 $f(2)=\dfrac{4}{e^2}$.

17．$(0,+\infty)$ 单调递增，$(-\infty,0)$ 上单调递减，极小值 $f(0)=0$.

18．（1）最小值 $-\dfrac{1}{4}$，最大值 $2-\sqrt{2}$.

（2）最小值 10，最大值 8.

（3）最小值 $-\dfrac{17}{4}$，最大值 $-\dfrac{5}{2}$.

（4）最小值 $-\dfrac{27}{256}$，最大值 8.

19．当体积一定时，圆柱体截面为正方形时，即高和底面直径相等时表面积最小.

20．$x=27$（支），$P=16$（元/支）.

21．当 $Q=20$ 时，利润最大，最大利润为 $L(20)=30$（百元）.

22．当 $P=31$（百元）时，最大利润为 $L=1582$（百元）.

23. 房租定为 1800 元，最大收益是 57800 元.

24. 略.　25. 略.　26. 略.　27. 略.　28. 略.　29. 略.

习题 3-4

1.（1）错.　　（2）错.

2.（1）在 $a<0$ 时是凸的，在 $a>0$ 时是凹的，无拐点.

（2）在 $\left(-\infty,\dfrac{5}{3}\right]$ 上是凸的，在 $\left[\dfrac{5}{3},+\infty\right)$ 上是凹的，拐点为 $\left(\dfrac{5}{3},\dfrac{20}{27}\right)$.

（3）在 $(-\infty,0)$ 上是凸的，在 $(0,+\infty)$ 上是凹的，无拐点.

（4）在 $(-\infty,+\infty)$ 上是凹的，无拐点.

（5）在 $(-\infty,0)$ 上是凸的，在 $(0,+\infty)$ 上是凹的，拐点为 $(0,0)$.

（6）在 $(-\infty,-\sqrt{3})$ 和 $(0,\sqrt{3})$ 上是凸的，在 $(-\sqrt{3},0)$ 和 $(\sqrt{3},+\infty)$ 上是凹的，拐点为 $\left(-\sqrt{3},-\dfrac{\sqrt{3}}{64}\right)$，$(0,0)$，$\left(\sqrt{3},\dfrac{\sqrt{3}}{64}\right)$.

（7）在 $(-\infty,2]$ 上是凸的，在 $[2,+\infty)$ 上是凹的，拐点为 $\left(2,\dfrac{2}{\mathrm{e}^{2}}\right)$.

（8）在 $(-\infty,+\infty)$ 上是凹的，无拐点.

（9）$(-\infty,0]$ 和 $\left[\dfrac{2}{3},+\infty\right)$ 上是凹的，在 $\left[0,\dfrac{2}{3}\right]$ 上是凸的，拐点为 $(0,1)$，$(\dfrac{2}{3},\dfrac{11}{27})$.

（10）在 $(-\infty,-1]$ 和 $[1,+\infty)$ 上是凸的，在 $[-1,1]$ 上是凹的，拐点为 $(\pm1,\ln 2)$.

（11）在 $(-\infty,1)$ 上是凸的，在 $(1,+\infty)$ 上是凹的，无拐点.

习题 3-5

1.（1）垂直渐近线 $x=k\pi+\dfrac{\pi}{2}$.

（2）垂直渐近线 $x=k\pi$.

（3）水平渐近线 $y=\dfrac{\pi}{2}$，$y=-\dfrac{\pi}{2}$.

（4）水平渐近线 $y=0$，$y=\pi$.

（5）垂直渐近线 $x=1$，水平渐近线 $y=0$.

（6）垂直渐近线 $x=1$，$x=2$，水平渐近线 $y=0$.

2. 略.

第四章　不定积分

习题 4-1

1.（1）$-\cos x$，$\dfrac{x^{2}}{2}$，$\dfrac{a^{x}}{\ln a}$.　　　　　　（2）$\cos^{2}\dfrac{x}{2}$.

2. （1）$-\dfrac{2}{\sqrt{x}}+C$.

（2）$\dfrac{4}{7}x^{\frac{7}{4}}+C$.

（3）$\dfrac{x^2}{4}+2\ln x+\dfrac{x^3}{3}+\dfrac{2^x}{\ln 2}+C$.

（4）$\mathrm{e}^x+\dfrac{x^{e+1}}{e+1}-\cot x-\ln x+C$.

（5）$\dfrac{x^3}{12}+2x-\dfrac{4}{x}+C$.

（6）$-\dfrac{1}{x}-\arctan x+C$.

（7）$x-\arctan x+C$.

（8）$\arctan x-\dfrac{1}{x}+C$.

（9）$x+\mathrm{e}^x+C$.

（10）$\sec x+\tan x+C$.

（11）$\sin x+\cos x+C$.

（12）$-\cot x-\tan x+C$.

（13）$\dfrac{x}{2}+\dfrac{\tan x}{2}+C$.

（14）$\dfrac{4^x}{\ln 4}+\dfrac{9^x}{\ln 9}+2\dfrac{6^x}{\ln 6}+C$.

（15）$\sqrt{\dfrac{h}{g}}+C$.

（16）$\dfrac{v_0 t^2}{2}+\dfrac{gt^2}{2}+C$.

习题 4-2

（1）$\dfrac{\ln(2x+1)}{2}+C$.

（2）$\ln x-\ln(x+1)+C$.

（3）$\dfrac{\mathrm{e}^{3x}}{3}+C$.

（4）$3x^3+3x^2+x+C$.

（5）$\dfrac{-1}{2}(1-3x)^{\frac{2}{3}}+C$.

（6）$\ln\ln x+C$.

（7）$-(1+x^2)^{\frac{-1}{2}}+C$.

（8）$-\mathrm{e}^{\frac{-x^2}{2}}+C$.

（9）$2\sin\sqrt{x}+C$.

（10）$\dfrac{1}{3}(\ln x+1)^3+C$.

（11）$x-\ln(\mathrm{e}^x+1)+C$.

（12）$-\csc x+C$.

（13）$\dfrac{1}{3}\arcsin^3 x+C$.

（14）$\ln(\arctan x)+C$.

（15）$\tan x+\dfrac{\tan^3 x}{3}+C$.

（16） $\sin x - \dfrac{\sin^3 x}{3} + C$.

（17） $\ln(\sin x + \cos x) + C$.

（18） $\arctan(e^x) + C$.

（19） $\dfrac{1}{2}\arctan(\sin^2 x) + C$.

（20） $\ln|\tan x| + C$.

（21） $-\sqrt{1 - x^2} + C$.

（22） $\dfrac{1}{2}\arctan\dfrac{x}{2} + C$.

（23） $\dfrac{-1}{4}\ln\left|\dfrac{x-2}{x+2}\right| + C$.

（24） $\arctan(x+1) + C$.

（25） $\dfrac{2}{3}\sqrt{3}\arctan(\dfrac{2}{3}\sqrt{3}x + \dfrac{\sqrt{3}}{3}) + C$.

（26） $\dfrac{1}{2}\sin(x^2) + C$.

（27） $\dfrac{1}{6}\arctan\dfrac{x^3}{2} + C$.

（28） $\dfrac{2}{9}(1 + x^3)^{\frac{3}{2}} + C$.

（29） $\dfrac{1}{\ln 2}\arcsin(2^x) + C$.

（30） $\ln\left|\sqrt{1 + x^2} + x\right| - \sqrt{1 + e^{2x}} + C$.

（31） $\dfrac{\sin^4 x}{4} - \dfrac{\sin^6 x}{6} + C$.

（32） $\dfrac{-1}{2}\ln(2 - \sin^2 x) + C$.

（33） $-2\sqrt{1 - x^2} - \arcsin x + C$.

（34） $\dfrac{1}{2}\arctan(1 + x^2) + C$.

（35） $\dfrac{1}{\omega}\left[\dfrac{\omega t + \varphi}{2} + \dfrac{\sin(2\omega t + 2\varphi)}{4}\right] + C$.

（36） $\dfrac{\sec^3 x}{3} - \sec x + C$.

（37） $-\dfrac{e^{2\arccos x}}{2} + C$.

（38） $\dfrac{\sin 8x}{16} + \dfrac{\sin 2x}{4} + C$.

（39） $-\dfrac{1}{\arcsin x} + C$.

（40） $\dfrac{a^2}{2}\arcsin\dfrac{x}{a} - \dfrac{x\sqrt{a^2 - x^2}}{2} + C$.

（41） $\dfrac{x}{\sqrt{1+x^2}} + C$.

习题 4-3

（1） $\dfrac{3}{2}x^{\frac{2}{3}} - 3x^{\frac{1}{3}} + 3\ln\left(1 + x^{\frac{1}{3}}\right) + C$.

（2） $2\sqrt{x} - 3\sqrt[3]{x} + 6\sqrt[6]{x} + 6\ln\left(1 + \sqrt[6]{x}\right) + C$.

（3） $x - 2\sqrt{1+x} + 2\ln\left(1 + \sqrt{1+x}\right) + C$.

（4） $2\arctan\sqrt{\dfrac{1-x}{1+x}} - \ln\dfrac{\sqrt{1-x} - \sqrt{1+x}}{\sqrt{1-x} + \sqrt{1+x}} + C$.

（5） $\dfrac{9}{2}\arcsin\dfrac{x}{3} - \dfrac{x}{2}\sqrt{9 - x^2} + C$.

（6） $\dfrac{1}{2}\ln\dfrac{x}{\sqrt{4 - x^2} + 2} + C$.

（7） $\dfrac{1}{a}\ln\dfrac{\sqrt{a^2 + x^2} - a}{x} + C$.

（8） $-\sqrt{1 + \dfrac{1}{x^2}} + C$.

（9） $\dfrac{1}{2a^3}\left(\arctan\dfrac{x}{a} + \dfrac{ax}{a^2 + x^2}\right) + C$.

（10） $2\ln(1 + e^x) - x + C$.

（11） $\ln\dfrac{\sqrt{1 + e^x} - 1}{\sqrt{1 + e^x} + 1} + C$.

（12） $\sqrt{x^2 + 2x + 2} - \ln(\sqrt{x^2 + 2x + 2} + x + 1) + C$.

（13） $\dfrac{x}{\sqrt{1+x^2}} + C$.

（14） $\sqrt{9 - x^2} - 3\arccos\dfrac{3}{x} + C$.

（15） $\arcsin x - \dfrac{x}{1 + \sqrt{1 - x^2}} + C$.

（16） $\dfrac{1}{2}\left(\arcsin x+\ln\left(x+\sqrt{1-x^2}\right)\right)+C$.

（17） $-\dfrac{2}{3}(1+\cos x)^{\frac{3}{2}}+C$.

（18） $\arcsin\left(\ln x\right)+C$.

（19） $\dfrac{x^3}{3}+\dfrac{x^2}{2}+x+8\ln x-4\ln\left(x+1\right)-3\ln\left(x-1\right)+C$.

（20） $2\sqrt{e^x-1}-2\arctan\sqrt{e^x-1}+C$.

（21） $\dfrac{x}{2}+\dfrac{1}{2}\ln\left|\sin x+\cos x\right|+C$.

（22） $\ln\left(1+\tan\dfrac{x}{2}\right)+C$.

（23） $\dfrac{3}{2}\sqrt[3]{(x+1)^2}+3\sqrt[3]{x+1}+3\ln\left(1+\sqrt[3]{x+1}\right)+C$.

（24） $\dfrac{x^2}{4}\ln x-\dfrac{2}{3}x^{\frac{3}{2}}+x+C$.

（25） $x-4\sqrt[4]{x+1}+4\ln\left(1+\sqrt[4]{x+1}\right)+C$.

（26） $2\sqrt{x}-4\sqrt[4]{x}+4\ln\left(1+\sqrt[4]{x}\right)+C$.

习题 4-4

1. （1） $\dfrac{x^4}{4}\ln x-\dfrac{x^4}{16}+C$.

（2） $-x\cos x+\sin x+C$.

（3） $-(x+1)e^{-x}+C$.

（4） $x\arccos x+\sqrt{1-x^2}+C$.

（5） $x\mathrm{arccot}x+\dfrac{1}{2}\ln\left(1+x^2\right)+C$.

（6） $\dfrac{1}{3}x\sin 3x+\dfrac{1}{9}\cos 3x+C$.

（7） $-x^2\cos x+2x\sin x+2\cos x+C$.

（8） $x\ln^2x-2x\ln x+2x+C$.

（9） $\dfrac{1}{2}x\ln\left(x-1\right)-\dfrac{1}{2}x^2-x-\ln\left(x-1\right)+C$.

（10） $-\left(x^2+2x+2\right)e^x+C$.

（11） $\dfrac{1}{2}e^x\left(\sin x-\cos x\right)+C$.

（12） $2\sqrt{x}\ln x-4\sqrt{x}+C$.

（13）$3x^{\frac{2}{3}}e^{x^{\frac{2}{3}}} - 6x^{\frac{1}{3}}e^{x^{\frac{2}{3}}} + 6e^{x^{\frac{2}{3}}} + C$.

（14）$xf'(x) - f(x) + C$.

（15）$\frac{1}{2}x(\text{sinln}x - \text{cosln}x) + C$.

（16）$e^{x}\text{acrtane}^{x} - \frac{1}{2}\ln(1 + e^{2x}) + C$.

1.（1）$\frac{2}{5}x^{2}\sqrt{x} + \frac{1}{2}x^{2} - x - \sqrt{x} + C$.

（2）$-\frac{\left(\ln(x+1) - \ln x\right)^{2}}{2} + C$.

（3）$-\frac{1}{3}e^{-x^{3}} + C$.

（4）$2\tan\left(\frac{x}{2} - \frac{\pi}{4}\right) + C$.

（5）$x - \ln(1 + e^{x}) + C$.

（6）$\frac{3}{8}x^{\frac{8}{3}} - \frac{6}{5}x^{\frac{5}{3}} + \frac{3}{2}x^{\frac{2}{3}} + C$.

（7）$\frac{\sqrt{2}}{2}\arcsin\sqrt{\frac{2}{3}}\sin x + C$.

（8）$\frac{1}{2\cos x} + \frac{1}{4}\ln\frac{1 - \cos x}{1 + \cos x} + C$.

（9）$\arctan^{2}\sqrt{x} + C$.

（10）$\frac{1}{8}\ln\frac{x^{2} + 1}{x^{2} + 5} + C$.

（11）$\frac{288^{x}1152}{\ln 288} + C$.

（12）$\frac{\left(\sqrt{x^{2} + 1}\right)^{3}}{3} - \sqrt{x^{2} + 1} + C$.

（13）$(x^{4} - 11x^{2} - 2x + 23)\sin x + \left(4x^{23} - 22x - 2\right)\cos x + C$.

（14）$\frac{\arctan x^{4}}{8} + \frac{x^{4}}{8(x^{8} + 1)} + C$.

（15）$\frac{x^{4}}{4} + \frac{\ln(x^{4} + 1)}{4} - \ln(x^{4} + 2) + C$.

（16）$\csc^{4}2x + C$.

第五章 定积分

习题 5-1

1. 略.

2. 略.

3. （1）1.

（2）$\pi / 2$.

（3）0.

（4）略.

5. （1）$\displaystyle\int_0^1 x^2 \mathrm{d}x > \int_0^1 x^3 \mathrm{d}x$.

（2）$\displaystyle\int_1^2 x^2 \mathrm{d}x < \int_1^2 x^3 \mathrm{d}x$.

（3）$\displaystyle\int_1^2 \ln x \mathrm{d}x > \int_1^2 (\ln x)^2 \mathrm{d}x$.

（4）$\displaystyle\int_{-2}^{-1} \left(\frac{1}{3}\right)^x \mathrm{d}x > \int_{-2}^{-1} 3^x \mathrm{d}x$.

6. $\displaystyle\int_0^1 x^3 \mathrm{d}x = \lim_{n\to\infty} \sum_{i=1}^n \frac{1}{n}\left(\frac{i}{n}\right)^3 = 1/4$.

7. $\displaystyle 4b\int_0^a \sqrt{1-\left(\frac{x}{a}\right)^2} \mathrm{d}x$.

8. 略.

习题 5-2

1. （1）$\dfrac{\sin 2x}{2x}$.

（2）$-\mathrm{e}^{x^2}$.

（3）$-\sqrt{1+y^4}$.

（4）$x\mathrm{e}^{-x^2}$.

2. （1）$\dfrac{15}{4}$.

（2）$45\dfrac{1}{6}$.

（3）$\dfrac{\pi}{3}$.

（4）$\dfrac{2\pi}{3}$.

（5） $1-\dfrac{1}{e}$．

（6） $1-\dfrac{\pi}{4}$．

3． $-e^{y^2}\cos x^2$．

4． $\dfrac{41}{6}$．

5． $\dfrac{1}{2}\ln\dfrac{5}{3}$．

6． $\dfrac{245}{96}$．

7． $\dfrac{1}{2}$．

8． $1-\dfrac{\sqrt{3}}{2}$．

9． $\dfrac{\pi}{3a}$．

10． -1．

11． 4．

12． $\dfrac{4}{3}$．

13． $\pi+\dfrac{4}{3}$．

14． $\dfrac{\pi}{6}+\dfrac{1}{4}-\dfrac{\sqrt{3}}{8}$．

习题 5-3

（1） $1-\dfrac{\pi}{4}$．

（2） $\dfrac{\pi a^3}{16}$．

（3） $\sqrt{2}-\dfrac{2\sqrt{3}}{3}$．

（4） $\dfrac{\sqrt{3}}{3}$．

（5） $\dfrac{\pi}{12}$．

（6） $\dfrac{5\sqrt{5}-7}{12}$．

（7）$1-e^{-\frac{1}{2}}$.

（8）$2-5e^{-1}$.

（9）$\dfrac{\pi}{4}$.

（10）0.

（11）$4-\dfrac{\pi}{2}$.

（12）$2\sqrt{2}$.

（13）$1-\dfrac{2}{e}$.

（14）$\dfrac{e-1}{2e}$.

（15）$\dfrac{\pi}{4}-\dfrac{\pi\sqrt{3}}{9}+\ln\sqrt{\dfrac{3}{2}}$.

（16）$8\ln 2-4$.

（17）$\dfrac{\pi}{4}-\dfrac{1}{2}$.

（18）$\dfrac{1+2e^{\pi}}{5}$.

（19）$\dfrac{\pi^{3}}{3}-\dfrac{\pi}{4}$.

（20）$\dfrac{e}{2}(\sin 1-\cos 1)$.

（21）$2-2e^{-1}$.

习题 5-4

1.（1）收敛于 1/3.

（2）收敛于 1/a.

（3）发散.

（4）收敛于 $\dfrac{\omega}{p^{2}+\omega^{2}}$.

（5）收敛于 1.

（6）收敛于 8/3.

（7）收敛于 π.

（8）收敛于 $\pi/2$.

（9）收敛于 3/2.

（10）发散.

（11）发散.

（12）发散.

（13）发散.

（14）收敛于 1.

（15）发散.

2．（1） $k > 1$ 时收敛于 $\dfrac{1}{1-k}$ ， $k \leqslant 1$ 时发散．

（2） $n > 1$ 时收敛于 $\dfrac{(-1)^n}{1-n}$ ， $n \leqslant 1$ 时发散．

（3）收敛于 $\sqrt{2\pi}$ ．

第六章　定积分的应用

习题 6-1

1．1/2.

2．1.5−ln2.

3． $2\pi + \dfrac{4}{3}$ ．

4． $e + e^{-1} - 2$ ．

5．18.

习题 6-2

1． $\dfrac{\pi}{7}$ ．

2． $\dfrac{\pi h(b^2 + ab + a^2)}{3}$ ．

3． $\dfrac{48\pi}{5}$ ； $\dfrac{24\pi}{5}$ ．

4． $\pi h^2 \left(r - \dfrac{h}{3}\right)$ ．

5． $\dfrac{3\pi^2}{2} + 8\pi$ ．

6． $\dfrac{2\pi}{35}$ ．

习题 6-3

1． $\displaystyle\int_a^b \rho(x)\mathrm{d}x$ ．

2. $\dfrac{1}{2}kx^2$.

3. πgRH^2 .

4. $\dfrac{\pi g225}{2}$.

5. $mgR(1-\dfrac{R}{h})$.

6. $x=300$.

习题 6-4

1. $1/6$.

2. $1/(e-1)$.

3. $\dfrac{\pi b}{4}$.

第七章　向量与空间解析几何初步

习题 7-1

1. （1）Ⅰ．（2）Ⅷ．（3）Ⅴ．（4）Ⅶ．（5）Ⅳ．（6）Ⅲ．（7）Ⅱ．（8）Ⅵ.

2. M_0 在 xOy 坐标面上的垂足为 $(x_0,y_0,0)$ ；M_0 在 xOz 坐标面上的垂足为 $(x_0,0,z_0)$ ；M_0 在 yOz 坐标面上的垂足为 $(0,y_0,z_0)$.

3. （1）5 .（2）$\sqrt{14}$.

4. 到原点的距离为 $\sqrt{14}$ ，到 x 轴、y 轴、z 轴三个坐标轴的距离分别为 $\sqrt{13}$ 、$\sqrt{5}$ 、$\sqrt{10}$.

5. $(\dfrac{7}{3},\dfrac{4}{3},\dfrac{1}{3})$.

6. $(x-1)^2+(y-2)^2+(z-3)^2=26$.

习题 7-2

1. $-4\boldsymbol{a}-11\boldsymbol{b}+\boldsymbol{c}.$

2. 略.

3. $\overrightarrow{D_1A}=-\boldsymbol{c}-\dfrac{\boldsymbol{a}}{5}$ ，$\overrightarrow{D_2A}=-\boldsymbol{c}-\dfrac{2\boldsymbol{a}}{5}$ ，$\overrightarrow{D_3A}=-\boldsymbol{c}-\dfrac{3\boldsymbol{a}}{5}$ ，$\overrightarrow{D_4A}=-\boldsymbol{c}-\dfrac{4\boldsymbol{a}}{5}$.

4. $\overrightarrow{AB}=(1,-2,-2)$ ，$-2\overrightarrow{AB}=(-2,4,4)$.

5. $k(6,7,-6)$.

6. xOy 坐标面：$(a,b,-c)$ ；yOz 坐标面：$(-a,b,c)$ ；xOz 坐标面：$(a,-b,c)$ ；x 轴：$(a,b,-c)$ ；y 轴：$(-a,b,-c)$ ；z 轴：$(-a,-b,c)$ ；原点：$(-a,-b,-c)$.

7. 略.

8. (x_0,y_0,z) （z 任取）；(x,y,z_0) （x，y 任取）.

9. $(\pm\dfrac{\sqrt{2}a}{2},0,0)$ ， $(0,\pm\dfrac{\sqrt{2}a}{2},0)$ ， $(\pm\dfrac{\sqrt{2}a}{2},0,a)$ ， $(0,\pm\dfrac{\sqrt{2}a}{2},a)$.

10. x 轴： $\sqrt{34}$ ； y 轴： $(-a,b,-c)\sqrt{41}$ ； z 轴： 5.

11. $\sqrt{35}$ ； $\cos\alpha=\dfrac{5}{\sqrt{35}}$ ， $\cos\beta=\dfrac{3}{\sqrt{35}}$ ， $\cos\gamma=\dfrac{1}{\sqrt{35}}$ ； $\alpha=\arccos\dfrac{5}{\sqrt{35}}$ ，

$\beta=\arccos\dfrac{3}{\sqrt{35}}$ ， $\gamma=\arccos\dfrac{1}{\sqrt{35}}$.

12. $a=\dfrac{\pi}{2}$ ， $\beta=0$ ，平行于 y 轴.

13. 2.

14. $(6,-5,14)$.

15. 13， 7.

习题 7-3

1. （1） -1 ， $(-3,5,7)$. （2） 6， $(-6,10,14)$. （3） $\dfrac{-\sqrt{21}}{42}$.

2. -1.5 .

3. $\dfrac{\pm\sqrt{17}}{17}(-3,2,2)$.

4. $600g$ （ g 为重力加速度）.

5. $\dfrac{3}{7}$.

6. $\lambda=2\mu$.

习题 7-4

1. $3x-7y+5z=4$.

2. $2x+9y-6z=121$.

3. $x-3y-2z=0$.

4. 略.

5. 2/3， 2/3， 1/3.

6. $x+y-3z=4$.

7. $(1,-1,3)$.

8. （1） $y=-5$.

（2） $x-2y=0$.

（3） $-9y+z+c=0$.

9. 5/3.

习题 7-5

1. $\dfrac{x-2}{2} = \dfrac{y+1}{2} = \dfrac{z-2}{5}$.

2. $15x - 14y - 11z = 55$.

3. $\dfrac{x-1}{7} = \dfrac{y-2}{8} = \dfrac{z-2}{-11}$.

4. $\begin{cases} x + 2y + 3z = 5, \\ x - y - 3z = -1. \end{cases}$

5. $\dfrac{\pi}{2}$.

6. $x - y + z = 0$.

7. $\left(-\dfrac{5}{3}, \dfrac{2}{3}, \dfrac{2}{3}\right)$.

第八章　线性代数初步

习题 8-1

1.（1）1.（2）0.（3）0.（4）–2.（5）–1.（6）1.（7）72.（8）20.（9）0.

（10）$(b-a)(c-a)(c-b)$.（11）100.

2. $2, 2 \pm \sqrt{2}$.

3.（1）5.（2）0.（3）6.

习题 8-2

（1）$x_1 = 0$, $x_2 = 0$, $x_3 = 0$.

（2）$x_1 = \dfrac{13}{5}$, $x_2 = \dfrac{-4}{5}$, $x_3 = \dfrac{-7}{5}$.

（3）$x_1 = 2$, $x_2 = 0$, $x_3 = -2$.

习题 8-3

1.（1）$\begin{bmatrix} -9 & 4 \\ -10 & 13 \end{bmatrix}$.（2）$\begin{bmatrix} 14 & 8 \\ 8 & 20 \end{bmatrix}$.（3）$\begin{bmatrix} 1 & 2 & 3 \\ 2 & 4 & 6 \\ 3 & 6 & 9 \end{bmatrix}$.（4）$[14]$.（5）$\begin{bmatrix} 1 & 0 & 0 \\ 0 & 1 & 0 \\ 0 & 0 & 1 \end{bmatrix}$.

2. $\begin{bmatrix} 3 & -6 & 1 \\ -1 & 1 & 2 \end{bmatrix}$, $\begin{bmatrix} 13 & 25 \\ 11 & 15 \end{bmatrix}$, $\begin{bmatrix} 5 & -1 & 9 \\ 7 & -4 & 10 \\ 16 & -5 & 27 \end{bmatrix}$.

习题 8-4

1.（1）3.（2）3.（3）4.

2. 略.

反侵权盗版声明

　　电子工业出版社依法对本作品享有专有出版权。任何未经权利人书面许可，复制、销售或通过信息网络传播本作品的行为；歪曲、篡改、剽窃本作品的行为，均违反《中华人民共和国著作权法》，其行为人应承担相应的民事责任和行政责任，构成犯罪的，将被依法追究刑事责任。

　　为了维护市场秩序，保护权利人的合法权益，我社将依法查处和打击侵权盗版的单位和个人。欢迎社会各界人士积极举报侵权盗版行为，本社将奖励举报有功人员，并保证举报人的信息不被泄露。

举报电话：（010）88254396；（010）88258888

传　　真：（010）88254397

E-mail：dbqq@phei.com.cn

通信地址：北京市万寿路 173 信箱

　　　　　电子工业出版社总编办公室

邮　　编：100036